U0021373

テーブルコーディネートの発想と技法：
視覚効果から考えるデザインの考え方、組み立て方

理想餐桌布置學

器皿挑選、造型搭配、配色技巧，打造你的餐桌風格

浜裕子——著　　李友君——譯

前言

目前為止有幸獲得許多出版餐桌配置相關書籍的機會。這次這本書的企畫與以往的視角不同，是要為了餐桌配置的創意和技巧建立體系。其實這麼說起來，要以淺顯易懂的方式歸納充滿訣竅的方法，對我而言也是一種挑戰。

營造傑出的餐桌配置需要什麼要素？美感要好，要對趨勢有敏感度，要蒐集上好的器皿……這些是加分的部分，餐桌配置最根本是要有知識和技術才能成立。換句話說，只要獲得知識和技術，人人都可以布置出美妙的餐桌。

任誰看了都覺得美、想要坐下來用餐的餐桌配置，需要具有縝密的結構和理論。本書不單純仰賴感性、不受流行左右，而是從視覺效果的觀點，替餐桌配置的普遍理論、技法、訣竅和構想建立體系，並加以解說，無論在什麼時代下都通用。此書也會在談到西式配置所需要的基本知識之餘，介紹「十道法則」和創意的理路，這些是我長年實踐經驗的心得，能在實際的配置中發揮作用。

編纂的宗旨是在呈現美麗的視覺效果之餘，讓讀者看一本書就學到經過十年也不褪色的知識和技法。

假如本書能夠成為各位餐桌配置的靈感，就是意外之喜了。

浜裕子

Contents

從視覺效果衡量的設計思維與搭配法

餐桌配置的
創意與技巧

Ideas and techniques
for table coordination

※ 本書刊登的碗盤和其他餐桌用品，只會標示應該特別註明的品牌和系列產品名稱。其中也包含作者的私有物，現在店面可能沒有販賣。

Chapter 1

餐桌配置的思維和視角

本章會介紹餐桌配置的概要、以及餐桌配置的組成要素具備什麼樣的思維和視角。

「餐桌配置是什麼」一節中,會解說餐桌擺樣、餐桌裝飾、陳列及其他類似詞彙的差異、餐桌配置的歷史、餐桌配置的定義和進行方式。

「思維和視角」一節中,則會介紹印象、季節、情境、風格樣式這四種思維和視角。關於印象、季節、情境方面,將會解說運用色彩和挑選用品的建議,而在風格樣式方面,則會以法國里摩(Limo)窯燒「Bernardaud」的盤子為例加以解說。

餐桌配置是什麼

學習重點 ● 知道與餐桌配置類似的詞彙定義，了解餐桌配置原本的含意和作用。

餐桌配置這個詞正在廣泛滲透到一般大眾之間，不過具體來說是指什麼？即使設法了解其概念，但要明確說明，或許也是一件相當困難的事。在此將會重新解說餐桌配置原本的意義。

餐桌配置這個詞的英文「table coordinate」其實在國外並不通用，這是由已故的餐桌配置先驅邦枝恭江女士想出來的和製英文。歐美則會說餐桌布置（table setting）或餐桌裝飾（table decorate）。另外，日本稱為餐桌配置師的職業，到了國外則叫做裝飾師（decorator）或規畫師（planner）。

廣義的餐桌配置

最近包含餐桌擺樣（table styling）、餐桌陳列（table display）、餐桌裝飾及餐桌布置的一切在內，往往會廣義解釋成餐桌配置。以下將揉合本人的見解逐項說明。

餐桌擺樣的「擺樣」（styling）是「style」的派生詞，意思是「擺出樣子」，為修改原本的外型，加以調整，以便有效傳達給觀看者。比如要在料理的照片中表現出辣，辣椒就要配放得比實際數量還多；要表現出料理熱騰騰的感覺，就要製造蒸氣冒出熱煙。餐桌擺樣也一樣，要更動盤子或用品的配置，故意擺歪餐巾，伺機營造生人活動的氣息，好讓外觀顯得出色。

餐桌陳列的「陳列」（display）有展示的意思。原意是在配置商品時展現出效果，實務工作上則是指從揀貨到陳列展演的流程（關於內容和陳列的範例將在 P.202 解說）。

餐桌裝飾與陳列有共通之處，百貨公司或品牌商店之類的地方，負責賣場或櫥窗裝飾的人就稱為裝飾師。更貼切的形容是依照行銷計畫進行裝飾，作為企業營業方針和促銷活動一環的負責人。另外，不以攝取食物為目的，而是追求娛樂性或藝術性的餐桌，也會歸類到餐桌裝飾。

餐桌布置指的是依照規則排列飲食所需的碗盤類、刀叉及玻璃杯類的產品。中日西的布置法各有不同，主要是為了讓人舒適用餐。比如放置刀叉或玻璃杯的順序就是上菜的順序，會考慮到是否方便取用。

以上四個詞彙當中，就屬餐桌布置與餐桌配置的關係最密切。以下將簡單揭開其歷史的真相。

餐桌布置的歷史

現代餐桌布置的原型是在 18 世紀末建立的。直到進入中世紀之前，就連歐洲的王公貴族用餐都是徒手進食。對於狩獵民族來說，徒

手進食的時代也需要刀子，比起切肉更像是突刺。隨著時代的變遷，刀子就轉變為類似現代的餐刀了。叉子是從中東傳到義大利，再傳到法國，形狀也從兩叉變成三叉，再變成現代的四叉。湯匙會放進套餐是因為 17 世紀末製作出湯品專用的深盤。隨著歷史演變，料理和碗盤的種類就這樣逐漸增加，餐桌變得多采多姿之後，就需要調整為「美觀易食」的狀態，於是餐桌禮儀應運而生，而其基礎就是餐桌布置。

歐洲各個時代都有流行的樣式布置。像是法式或義式等，隨著圍繞在各國飲食環境的歷史文化背景不同，刀叉的擺法和麵包盤的位置也會有所差異。另外，有時餐桌布置的內容也會遵循晚宴或其他國際禮儀。附帶一提，日本人使用刀叉吃飯是在明治 5 年[1]（西元

1872 年），因為宮中的禮制定為西式，正式的晚宴就因此變成了西餐。

展現飲食空間的餐桌配置

餐桌配置是在了解各種樣式的餐桌布置之後，搭配五花八門的餐具（日西碗盤、玻璃杯、刀叉、餐桌用布類、餐桌瓷偶），營造整個飲食空間。為了能夠美味、開心及輕鬆用餐，就要運用設計（色彩、外型及材質），展現餐桌和圍繞餐桌之外的飲食空間。

以住宅為例，餐桌配置就相當於企畫和設計，餐桌布置則相當於施行，兩者兼具才會組成餐桌。

圍繞在餐桌上的人不但依靠視覺，還依靠聽

---

[1] 譯註：明治天皇為了招待西方的國賓，於明治 5 年（西元 1872 年）起將皇室禮制從日式改成西式（禮制不限於飲食，也包括服裝），晚宴從日式料理改成西餐，餐具從筷子變成刀叉。

覺、觸覺、嗅覺及味覺的五感享受，共度幸福時光，期盼留下更美好的回憶，能達成此一效果的前提在於別具一格的款待之心，因此餐桌配置也可說是款待之心的具體化。

餐桌配置的方式

餐桌配置是藉由何人（Who）、跟何人一起（With Whom）、為何（Why）、何地（Where）、何時（When）、何事（When）及如何（How）的「6W1H」搭配，而建立架構。在工作的場合還需要加上預算（How Much）的考量，因此，要在預算內追求效果十足的餐桌配置很重要。

建立架構之後，就要配合情境和印象挑選餐盤，套用在具體設定的場面上。餐桌要裝飾季節花朵和餐桌瓷偶來製造對話機會，費心在各處建立共通的聯繫，好讓溝通順利進行。接著再使用蠟燭或其他燈光的照明、空調、背景音樂，布局整體空間，達成好的協調。料理也一樣，確定食材有沒有過敏原就不用說了，還要考慮客人的年齡、性別及嗜好，依照配置的宗旨和器皿建立適宜的方案。從廚房到餐桌的動線安排也很重要，從迎接到目送客人離開這段時間的過程也要計畫，建立具有起承轉合和層次交錯的時間表。

只要獲得餐桌配置的技術和知識，就可以確實營造出符合印象的絕妙餐桌。不過，最後的調味料還是「為人」。人性、價值觀、審美能力及經驗也會交織成「感性」。所以才會一樣米養百樣人，趣味和開心無限。

思維和視角

從印象思考

進行餐桌配置時,要使用花朵、碗盤、檯布及餐巾等物,將想要給人的印象具體化。這時要記得了解各個印象所具備的色彩和材質,拿出具有說服力的提案,所以這裡的印象分布圖就有用武之地了。

印象分布圖是由日本色彩設計研究所股份公司(NCD)根據色彩心理的研究規畫開發而成。這張圖由兩軸所組成,以 WARM / COOL 為橫軸,以 SOFT / HARD 為縱軸,確立 16 種印象的定位。印象分布圖上除了單色、配色和詞彙之外,還可以加入外型、材質、花樣、花朵、花器、器皿及其他具體的「事物」。將各種「事物」放在同一個尺度上比較,再將其相對定位模式化,就能以客觀而有條理的方式說明各個印象的關係。這也就是「衡量感性的標準」,從商品結構的分析、概念的設定到色彩計畫,能以一貫的「印象集錦」推動,不只是餐桌配置,還能以印象的機制超越產業的藩籬,廣泛活用在店鋪設計和商品開發等項目上。

了解色彩和印象,藉由各種印象彙整常用色和配色,代表印象的詞彙和特徵,這樣一來餐桌配置也會出現說服力,呈現方式會變得有感染力,而不是孤芳自賞。

這裡將會從 16 項分類當中,選出餐桌配置當中通用度高的 12 種印象加以解說。

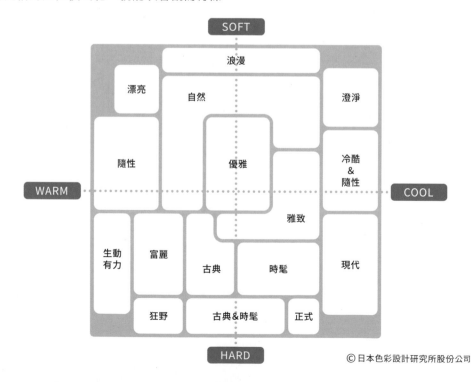

©日本色彩設計研究所股份公司

漂亮

位在印象分布圖的左上端，給人明亮、活潑及可愛的印象。使用暖色系多色相配色當中的明色調，呈現喜孜孜的開朗氛圍。

隨性

位在漂亮的下方，給人朝氣、快樂和通俗的印象，也有容易親近和熱鬧的一面。使用許多花俏的色調，搭配白色後俐落大方，展現對比張力。隨性不受規則拘束，可以自由揮灑。

生動有力

位在隨性的下方，屬於 HARD 區。給人大膽、精力充沛、熱情及動力全開的印象。以季節而言，就是呈現太陽毒辣的夏天。使用巨大花紋的檯布或南國風味、具有衝擊力的花朵就能輕鬆呈現。

富麗

位在生動有力的隔壁，也與古典和優雅連結。給人豔麗、華麗、豪華和裝飾的印象，也象徵著成熟妖豔的成年女性。以紫紅或紫色系為關鍵色，再加上金色，就能華美呈現。

隨性

富麗

浪漫

位在印象分布圖縱軸最上方的 SOFT 區，給人天真爛漫和惹人憐愛的印象。以淺粉、薄荷綠、嬰兒藍及其他粉色來配色，呈現甜美柔和的感覺。可搭配淡色調的花紋、蕾絲及摺邊等帶出此印象。

自然

位在浪漫的下方，與 8 種印象相連接，給人樸素、沉穩及自在的印象。配置時常用麻、棉、木、藤及其他天然材質，適合以黃綠、米色或象牙色系為中心，壓抑對比的配色。

優雅

位在印象分布圖的中央，給人高格調和洗鍊的印象。使用具有光澤的上好材質和高級陶瓷器，表現成年女性的感覺。關鍵色是灰紫色，假如加上紫紅就會變成華美的富麗，加上紫藍則會偏向充滿知性的雅致。

雅致

位在優雅偏向現代的產物，給人知性洗鍊的都會印象。使用灰色或灰色系的色調，特意呈現沉穩的配色。色澤偏淡的部分只要使用上好的材質，就會增添成熟的睿智。

浪漫

自然

古典

具有傳統風情的優質感和高級感，給人威風凜凜的印象。會搭配金色的裝飾、具有裝飾感的傳統圖案，以及讓人感受到風格的碗盤，展現深度的韻味。以茶色系為中心，使用酒紅色、胭脂紅和其他深色，不強調對比，集品格於一體。

正式

位在 HARD 區，現代的隔壁，最能給人富貴人家的印象。以中間色、深藍色及深紫色為配色。布料使用麻製的白色錦緞，碗盤是高級瓷器，刀叉是銀器，玻璃杯則要選擇雕花加工的製品。

澄淨

位在印象分布圖的右上方，具有透明感和清涼感，給人簡潔俐落的印象。碗盤使用玻璃或銀製材質，再以襯托碗盤的冷色系的清和白色為配色，展現潔淨感。

現代

位在印象分布圖的右下方，給人具有現代感、冷靜及尖銳的印象。中間色加上點綴用的鮮豔色調之後，就會形成震撼人心的配置。流行色會隨著時代變化，現代感也會有所改變。

澄淨

現代

按季節思考

人們圍繞在餐桌上能夠分享的共通話題之一就是季節。尤其日本四季分明，我們日本人自古以來就感受到季節變遷，感受到肉眼看不見的季節嬗遞，並視其為「跡象」或是「徵兆」，這種熱愛和尊重自然的心情根植而成為文化。

與季節和曆書連動的歲時記或全年節令當中，會有節令用色和節令飲食。西洋的餐桌配置當中，也有展現各種季節的用色、當季食材、料理、碗盤、花朵和圖樣等。只要在配置時巧妙平衡運用，就會喚起共鳴，成為齊聚一堂的人眼中輕鬆愜意的餐桌。

這裡要從過去的範例當中，說明選擇春夏秋冬的餐桌用色或用品的重點。

春

這是日本人殷殷盼望的季節。等到嚴寒的冬天結束，就能夠感受到和煦的陽光，繼植物的發芽之後，梅花、桃花及櫻花就綻放了，花店的門口會陳列色彩美麗的花朵；春天也正逢開學典禮和一個新年度的開始，一切都讓人感到氣象一新，形成清新的感受。餐桌配置上常會使用粉紅、黃綠、黃色、淺紫或其他漂亮的色彩，展現華美氣息。

夏

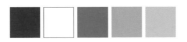

5月天氣晴朗，涼風清爽，嫩葉青青。6月開始梅雨潮溼，7月梅雨停歇，陽光變得毒辣，正式進入夏天，夏天給人的印象就像這樣會逐月變化。從以前日本人就會花各種工夫運用水來展現氣氛，或是以清淡的食材、玻璃器皿、竹或藤之類的材質營造涼意，這些都成為生活的智慧；在色彩上，則會活用藍色和白色的對比展現清涼感。

秋

秋天山野的樹木開始染紅、染橙和染黃，果實端上餐桌成為自然恩賜的美味。豐饒這個詞在農耕民族的日本人心目中蘊含著祈盼和願望。使用從紅色到黃色的柔和色調，再以果實、類似天鵝絨質感的素材、花材、木材或其他天然材質，可以展現深刻的韻味。

冬

冬天有耶誕節和元旦這些正式的節慶。除了會使用紅色和綠色展現華美而神聖的印象外，有時也會將紅色或橙色的暖色系與深色搭配作為「取暖色」，或是用白色和灰色營造出冰天雪地或寒風刺骨的無彩色印象。以下照片是以北歐耶誕季節為印象的餐桌配置。

按情境思考

餐桌配置要依照「何人」、「跟何人一起」、「為何」、「何時」、「何地」、「何事」及「如何」搭配。在此以過去的配置為例，說明早餐、午餐、下午茶及晚餐一整天的循環情境。早上是爽快的色彩，中午是精神飽滿適合從事活動的色彩，晚上則是沉穩的色彩。依照

早餐

早餐是一天活動的開始。週末有時會悠閒地花時間享用早午餐，但在平日匆忙的早晨，能夠輕鬆完成的布置會比較實用，比如用咖啡配麵包和蛋料理的單盤餐就能解決一頓飯，想必也是各位真實的心聲。這裡的範例是使用風格隨性的餐墊，再以芬蘭品牌「Arabia」的「Paratiisi」上大膽的水果花樣帶來朝氣活力。早餐的情境當中，以清潔感、爽朗及簡潔俐落感為印象會是關鍵。

時段和人的行動模式不同，心理上容易接受
的色彩就會有所差異。配置時讓人接受的共
通點愈多，就愈能喚起共鳴。

午餐

白天從事活動時的午餐若在自然光當中布置，再以紅色、橙色及其他
精力充沛的色彩或多色相配置，就會形成熱鬧的氛圍，彷彿可以為身
心充電；不過只用餐墊的簡易配置也不錯；或使用檯布時採用繽紛的
花紋也是個好方法；以明亮的色彩為中心會讓人樂在其中；以藍色系
營造知性、清新和爽朗的感覺也很好。

下午茶

下午茶是許多女性齊聚一堂，飲茶聊天的歡樂時光。鋪上優雅的蕾絲
檯布，再藉由可愛的花朵、甜點或外觀優美的茶具組，呈現出時光悠
然流逝的空間。此處的下午茶範例是使用法國里摩窯燒「Raynaud」
的「Paradis」，不用對比色，而是運用到嬰兒粉、嬰兒藍的柔和配色，
讓整體色調更和諧。

晚餐

晚餐與早上或中午不同，藉由採用比較暗的暖色系，氣氛就會一下子變得饒富情趣，因此最好是將照明調暗一點，點上蠟燭，營造出時光靜靜悠然流逝的場所，讓人可以在沉穩色彩的空間中享用。而正式和半正式的場合有個規矩是蠟燭要成對使用，簡式晚餐或隨性的情境中則不在此限。此處的範例是使用法國里摩窯燒「Raynaud」的「Sol」。

從風格和樣式思考

餐桌配置是要搭配形形色色的用品,為了讓桌面的呈現取得均衡,調和風格就極為重要。官方和正式的聚會上,需要依照各種場合選擇合適的器皿。因此,無論器皿的風格是正式或隨性,都必須要加以調和達成整體的一致性。

所謂的樣式,指的是一種具有特色的外形或風貌所展現的連貫感。建築、室內裝潢、家具、繪畫及其他藝術領域上,能夠看到反映歷史而具有特色的設計,這一點對於餐具也不例外。右邊的矩陣圖以「風格」為橫軸,以「樣式」為縱軸。左右設置「正式」「隨性」這個項目,上下則是「古典」「現代」。其中配置法國里摩當地瓷器品牌「Bernardaud」的十二款設計餐盤,藉由矩陣圖即可大致掌握其風格和樣式的印象。因此只要了解各個餐具用品的風格和樣式,就能明確決定場所的設定和調性。

就樣式來看,具代表性的類型有文藝復興、巴洛克、洛可可、新古典、帝政、維多利亞、新藝術、裝飾風、現代及當代。至於各個樣式的詳細解說,拙作《經典西餐食器入門》(『洋食器のきほん』,誠文堂新光社)敬請參考。

法國的陶瓷器始於法國北部的城市盧昂(Rouen),後來轉移到巴黎郊外的色佛爾(Sevres),所製作的優雅器皿反映出洛可可的樣式,現在也以深邃藍色的「色佛爾藍」聞名於世。瓷器的起源是 1768 年在法國中部城市里摩的郊外發現原料鈷藍,因此開始被加以運用。到了 1863 年,拿破崙三世的時代,「Bernardaud」誕生於里摩市內,頂著法國高級瓷器龍頭品牌的名號,獲得世界眾多主廚的讚譽。旗下發表的系列產品繼承格調高超的傳統工藝技術,也同時發揮法式獨具的感性。從 P.26 就會看到相關產品的特徵。

Formal

正式

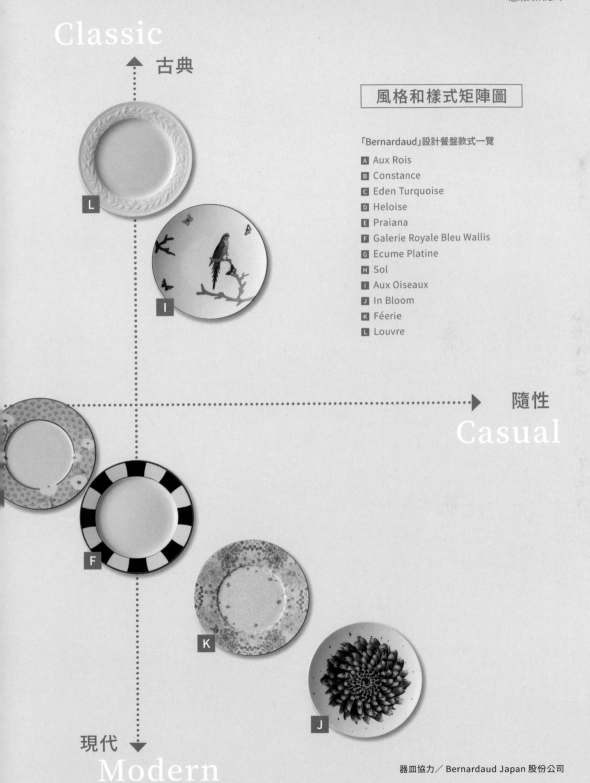

Classic

古典

風格和樣式矩陣圖

「Bernardaud」設計餐盤款式一覽

A Aux Rois
B Constance
C Eden Turquoise
D Heloise
E Praiana
F Galerie Royale Bleu Wallis
G Ecume Platine
H Sol
I Aux Oiseaux
J In Bloom
K Féerie
L Louvre

隨性
Casual

現代

Modern

器皿協力／Bernardaud Japan 股份公司

Classic
古典樣式

A Aux Rois

楓丹白露宮設計的復刻版。美麗的
金彩畫龍點睛，展現引人注目的豪
華感，富麗的盤面適合用在高格調
的餐桌上。

B Constance

19世紀帝政樣式流傳至今的設計。
象徵力量、長壽及和平的圓形裝飾、
橡實及月桂葉，就像水彩畫一樣用
妙筆繪製得栩栩如生。

C Eden Turquoise

從 18 世紀延續下來的形狀，搭配 19
世紀後半的設計中具有特色的大型
花束和金彩，再使用金色的光澤面和
消光面巧妙裝飾。「Christofle」知
名系列刀叉產品「Jardin d'Eden」
（P.100）的花樣幾乎與這相同。

D Heloise

替 19 世紀初期配上大量金色的樣式
做現代化的演繹，忠實再現 19 世紀
的各種植物，是 Bernardaud 的代表
性系列產品。纖細的雛菊會以自然的
風貌描繪在金色緞子般的邊緣上。

E Praiana

將類似於日本傳統圖樣青海波的鯊
魚皮顆粒狀花紋，搭配帶有動感的
白色非洲菊和毛茛，屬於新藝術樣
式的盤面。

F Galerie Royale
Bleu Wallis

裝飾風樣式的現代版。特徵在於午
夜藍和白色的鮮明對比。

Modern
現代樣式

G Ecume Platine

大小不一的圓形圖案是從海泡泡獲
得靈感，營造出現代的印象。這套
系列產品閃閃發亮的白金質感，既
華美又高格調，配置於任何風格的
室內空間都很合適。

H Sol

這套系列產品以閃耀的纖細金色線
條，生動呈現出陽光的模樣，能夠
與古典樣式的器皿搭配，若與其他
不同的樣式搭配也相當活潑有趣，
簡單來說，這套產品適合搭配各種
樣式的器皿。

自然主義裝飾

Bernardaud 有許多系列產品的圖案，
是從大自然獲得的啟發。從具象的花
樣、採納法國具代表性的裝飾樣式，
到現代創作者親自設計的當代樣式，
種類相當廣泛多元。

I Aux Oiseaux

傳統的鳥與蝶的圖案，加上金枝的
和風改造款，是從 16 ～ 17 世紀流
行的古董房間獲得靈感而製作的系
列產品。秋色的鳥停在金色樹枝上
的模樣，讓人想起日本的版畫。

J In Bloom

這是與生於以色列，僑居洛杉磯的
年輕女性藝術家澤梅爾·佩勒德
（Zemer Peled）女士共同開發的
產品。以生動而大膽的筆觸描繪鈷
藍色的花朵圖案，無論是運用在簡
單或富麗風格的配置都很合適。

K Féerie

系列產品名在法文中是「妖精」的
意思。花朵和幸運草散布其間，
描繪出蜂鳥和蝴蝶飛舞的樣子，給
人躍動、纖細又浪漫的印象。這是
與僑居巴黎的藝術家麥可‧卡伊烏
（Michaël Cailloux）先生共同開
發的產品。

浮雕白

這套系列產品是藉由浮雕圖案，呈現
文藝復興到法蘭西第二帝國時代具代
表性的建築樣式。而且白色與任何一
種室內裝飾都很相襯，具有通用度高
的魅力。

L Louvre

這套系列產品採用白色造型和浮雕
圖案，是仿照宮殿樣式的法國建築
樣式，展現巴黎羅浮宮各個時代的
外牆浮雕。

Chapter 2

從視覺效果思考，餐桌配置的基礎知識

本章會從視覺效果的觀點切入，說明西式餐桌配置的必備用品及其基本使用方法，以便讓大家能夠比較印象的差異。

「必備用品」一節中，會介紹西式陶瓷器、刀叉、玻璃杯、餐桌用布、餐桌裝飾品的種類、用法和樣式的差異。「餐桌花藝」一節中，則介紹其作用、尺寸、基本外型和配置技巧。

最後「餐桌布置基本功」一節中會以圖解的方式，先說明私人空間和公用空間的布置法，並接著介紹從半正式晚餐到隨性的布置範例。

學習重點 ● 知道西式餐桌所需餐具和其他用品的種類。
● 學習尺寸的差異，以及古典和現代等樣式的不同。

西式陶瓷器（盤子、杯子和茶托等物）

西式陶瓷器的種類五花八門，從盤子、杯子和茶托等，將會在這裡介紹整套上菜料理會出現的西式陶瓷器，有這些就足夠了。另外在食器尺寸上，就如主菜放餐盤，前菜或點心放點心盤，麵包放麵包盤一樣，盤子和尺寸是以料理為標準；有些餐廳會將前菜隆重地盛裝在餐盤上，有些則會在盛裝時留白，藉此提升整體料理展現出來的效果。

西式陶瓷器大致可分為兩種，一種是個人餐具（飲食或飲茶用的一人份所需食器），另一種是公用餐具（餐桌上可能會需要有一個可以共用、分食的食器）。

再來就是西式食器必備的「基本 5 件組」，餐盤、點心盤、湯盤、杯子及茶托。西式食器的單位稱為「件」，杯子和茶托分別各算是一件，因此總共有 5 件。只要有了這 5 件餐具，就可以應付早餐、晚餐及茶會了。

這裡介紹的是法國里摩瓷器品牌「Raynaud」的「Oscar」系列。Raynaud 自從在 1843 年拿破崙三世的時代誕生於里摩以來，就持續製作高品質的瓷器，連世界一流的餐廳、王室及許多大使館也在使用。Oscar 系列產品的特徵在於現代而優雅的設計，白瓷上的金色和黑色的曲線耀眼奪目，為餐桌展現豐富的表情。

個人餐具

餐盤
（直徑 27 公分）

主菜用的盤子。餐桌配置會以盤子的樣式或印象為計畫的中心。有些品牌還有直徑 25 公分或直徑 30 公分的產品。

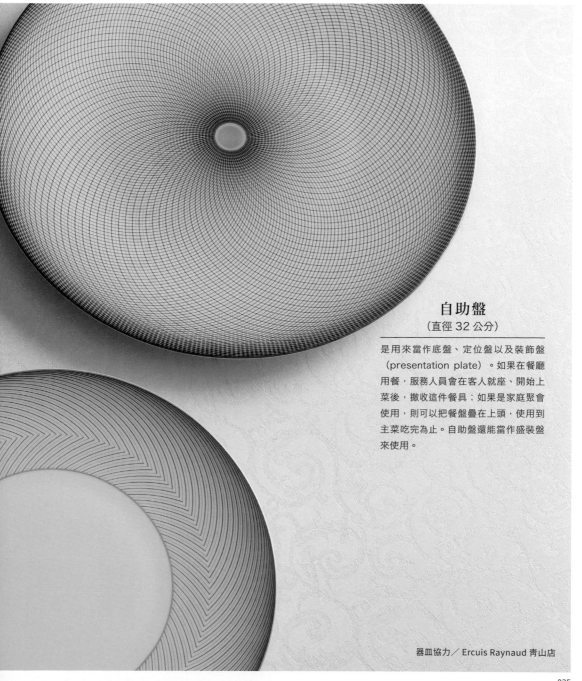

自助盤
（直徑 32 公分）

是用來當作底盤、定位盤以及裝飾盤
（presentation plate）。如果在餐廳
用餐，服務人員會在客人就座、開始上
菜後，撤收這件餐具；如果是家庭聚會
使用，則可以把餐盤疊在上頭，使用到
主菜吃完為止。自助盤還能當作盛裝盤
來使用。

器皿協力／Ercuis Raynaud 青山店

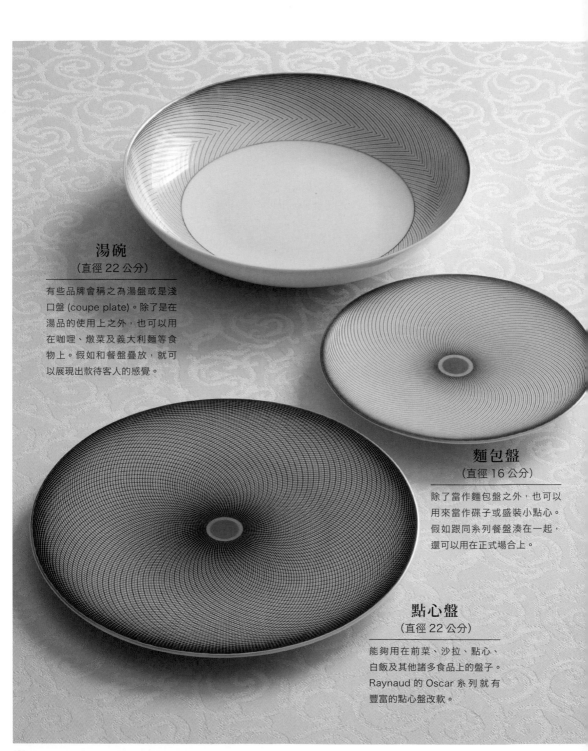

湯碗
（直徑 22 公分）

有些品牌會稱之為湯盤或是淺
口盤 (coupe plate)。除了是在
湯品的使用上之外，也可以用
在咖哩、燉菜及義大利麵等食
物上。假如和餐盤疊放，就可
以展現出款待客人的感覺。

麵包盤
（直徑 16 公分）

除了當作麵包盤之外，也可以
用來當作碟子或盛裝小點心。
假如跟同系列餐盤湊在一起，
還可以用在正式場合上。

點心盤
（直徑 22 公分）

能夠用在前菜、沙拉、點心、
白飯及其他諸多食品上的盤子。
Raynaud 的 Oscar 系列就有
豐富的點心盤改款。

茶杯和茶托
（容量 200 毫升）

帶有把手的碗狀容器和承接盤稱為茶杯和茶托。這是盛裝紅茶的製品，此茶杯的特徵是在於口徑寬廣，以便品味香氣和茶飲的色澤。

濃縮咖啡杯和茶托
（容量 120 毫升）

這是盛裝濃縮咖啡的容器，特徵在於容量小，大約只有 100 毫升，原因在於濃郁的濃縮咖啡不能大量飲用。除了濃縮咖啡之外，也可以盛裝一口湯或餐前小點，時間點安排在用餐之初，端出來給大家品嘗也不錯。

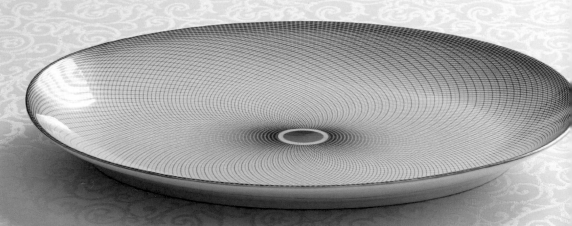

橢圓盤

（長徑 42 × 短徑 30 公分）

除了盛裝前菜和主菜供客人分食之外，
還可以將三明治或食材一起盛放，是派
對中不可或缺的用品。

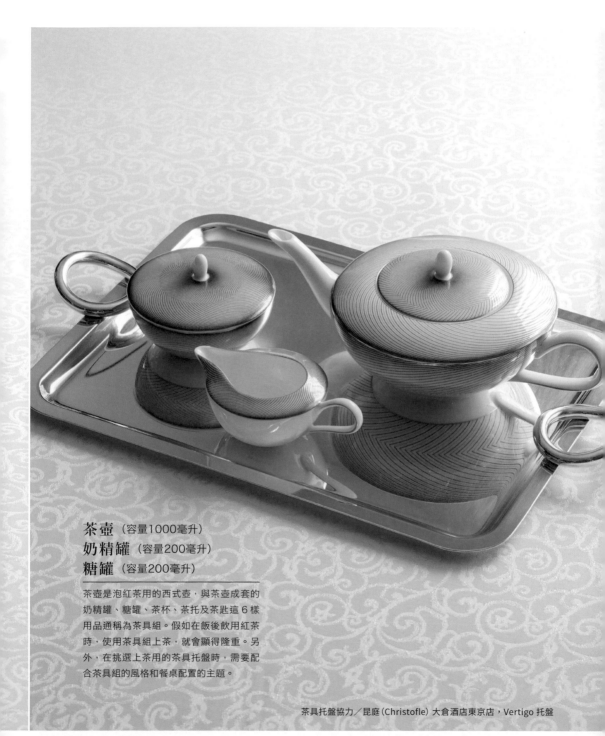

茶壺（容量1000毫升）
奶精罐（容量200毫升）
糖罐（容量200毫升）

茶壺是泡紅茶用的西式壺，與茶壺成套的
奶精罐、糖罐、茶杯、茶托及茶匙這6樣
用品通稱為茶具組。假如在飯後飲用紅茶
時，使用茶具組上茶，就會顯得隆重。另
外，在挑選上茶用的茶具托盤時，需要配
合茶具組的風格和餐桌配置的主題。

茶具托盤協力／昆庭（Christofle）大倉酒店東京店，Vertigo 托盤

刀叉

刀叉是刀子、叉子及湯匙的總稱。就和西洋陶瓷器一樣，從古典到現代，從正式到隨性，要配合餐桌配置的主題或概念，衡量風格或樣式再行挑選。

刀叉種類也五花八門，就和西洋陶瓷器一樣，分為個人餐具和公用餐具。這裡會針對基本的個人餐具，分別介紹古典樣式和現代樣式。

刀叉的設計是以融入歐洲的美術樣式為主流。要判別不同的樣式，可以從刀叉的把手部分開始觀察就能了解，比如古典樣式的特徵，會把那個時代經常描繪的裝飾附加在把手上，或是尾端的地方會凸起，這是因為古代王公貴族的家徽會刻在這個地方（關於刀叉的樣式可參照 P.100～103）。

這裡要介紹的是法國的銀製餐具品牌「昆庭」的「阿爾比」(Albi) 系列。阿爾比是法國西南部的小城市，還保留著中世紀的情調。蓋在古城的大教堂號稱中世紀哥德樣式的傑作，而這套刀叉就是從大教堂挺拔洗鍊而工整的線條獲得靈感設計而成，這種兼具古典的形式與簡單的設計，與很多樣式都很相襯。

照片中的布置是設想有湯品、前菜、魚類料理、肉類料理及點心的全餐。盤子是搭配新加坡品牌「Luzerne」的「DIVA LOTUS」系列展示盤和麵包盤。

另外，到了享用點心的時候，通常會請客人移到別的空間或重新布置現場，所以點心用的刀叉不會在一開始就擺出來；通常是在人數多的婚禮或大宴會上，才會在餐桌深處（離用餐者較遠的位置）擺放點心的刀叉。

Classic
古典樣式

D

A　　B　　C

A：點心叉（前菜兼用）
B：魚叉（魚類料理用）
C：餐叉（肉類料理用）
D：奶油抹刀（奶油用）
E：餐刀（肉類料理用）
F：魚叉（魚類料理用）
G：點心刀（前菜兼用）
H：湯匙（湯品用）

E　　F　　G　　H

刀叉協力／昆庭 大倉酒店東京店

現代樣式刀叉的特徵，在於把手的部分形式比較簡潔俐落。這裡的範例使用到的是昆庭的「Mood」系列，其特徵在於描繪出平滑曲線的時尚設計。照片中的布置是設想有前菜、主菜、點心這3道正菜，白金色的白瓷餐盤疊上Raynaud 的 Oscar 系列設計餐盤，左上角再搭配麵包盤。

個人使用的奶油用刀叫做奶油抹刀（butter spreader），而共用的叫做奶油刀（butter knife），但是某一些品牌也會將奶油抹刀稱為奶油刀。

Modern
現代樣式

C

A：點心叉（前菜兼用）
B：餐叉（主菜用）
C：奶油抹刀（奶油用）
D：餐刀（主菜用）
E：點心刀（前菜兼用）

A   B

器皿協力／Ercuis Raynaud 青山店

玻璃杯

飲料用的玻璃杯，是西式餐桌配置上不可或缺的用品。玻璃杯以無色透明玻璃製且帶杯腳的產品為主流，以便觀賞飲料的顏色，且讓手不會直接碰觸到杯身，能維持飲料適當的溫度。在擺放扁平盤子的西式餐桌上，玻璃杯的出現能替餐桌帶來高低差和立體感，散發時尚休閒感的功能。

玻璃杯的大小和形狀依飲料而異。通常要冷著喝的白酒適合小杯子，且能夠趁著酒的溫度沒有改變時飲用，而陳年的紅酒和高級酒則會使用大杯子。玻璃杯和西洋陶瓷器、刀叉一樣，分為個人餐具和公用餐具。這裡會針對基本的個人餐具，分別介紹古典樣式和現代樣式。

餐桌配置所使用的盤子是古典樣式時，只要玻璃杯也包含雕花，或是選擇有金彩或裝飾，且帶有優美曲線的玻璃杯，就能取得平衡。右頁範例為設想全餐的布置，這裡使用到的是法國玻璃製餐具品牌「Cristal D'Arques」的玻璃杯，特徵在於具備高級感的纖細雕花。

A：高腳水杯（水用）
B：紅酒杯
C：白酒杯
D：香檳杯

Classic
古典樣式

餐桌配置所使用的盤子是現代樣式時，玻璃杯
也要選擇適合搭配且經過設計的產品。只要搭
配去掉裝飾、簡潔而輪廓鮮明的產品，想必會
讓整體餐桌更有平衡感。

照片中為設想成要上 3 道正菜的布置，這裡要
介紹的是德國水晶玻璃廠「蔡司」（Zwiesel）
的品牌「Schott Zwiesel」的「Pure」系列，
特徵在於斟酒的碗型邊緣帶有直線的形狀。

Modern
現代樣式

A：高腳水杯（水用）
B：葡萄酒杯（白酒用）
C：香檳杯

餐桌用布

餐桌用布的英文為「table linen」，而當中的「linen」，由來是麻類的亞麻，用在餐桌上的布料就統稱為餐桌用布。歐洲的餐桌用布歷史悠久，8～10世紀時就有人使用的記錄，當時能夠大量使用白色的餐桌用布被視為是豐饒的象徵。餐桌用布是妝點餐桌不可或缺的用品，除了麻之外還有棉、聚酯纖維、混紡、蕾絲、人造纖維及其他各種材質。這裡將會說明餐桌用布的種類和使用方法。

檯布

餐桌顏色面積占得最多，是影響餐桌印象的重要元素。尺寸要選擇比餐桌大40～60公分的產品，覆蓋時最好要垂下30公分左右。鋪了一塊布料之後，就會增添款待客人的感覺和井然有序的印象。

桌旗

鋪在餐桌中央的帶狀布，能夠有效突顯餐桌。沒鋪墊布直接覆蓋在餐桌上也不錯。市售品多半為35公分寬，需要配合餐桌的尺寸，或在想要營造現代風格的印象時將兩端往內摺，微調寬度。

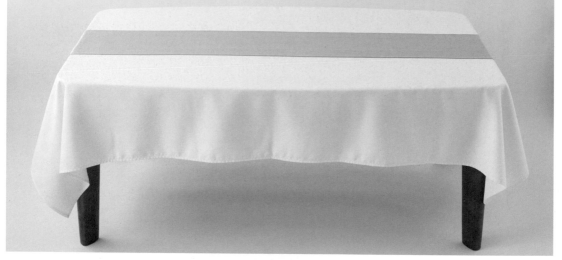

墊布

覆蓋在檯布下方的布料，自然地成為刀叉和食器的軟墊，能夠有效吸收食器的聲音、說話聲或水分等。要選擇比餐桌四邊都寬5公分的產品，材質以法蘭絨為上上之選，家庭中使用的床單或木棉的白布也不錯。

搭橋桌旗

朝餐桌的深處覆蓋成搭橋狀的桌旗。尺寸通常為寬 45 公分，長 120～150 公分。除了覆蓋在檯布上之外，還可以像此頁照片一樣直接覆蓋在餐桌上，這樣就能夠看到木紋。一人份的空間會界線分明，既實用又簡便。就如左邊的照片所示，還可以把兩張桌旗接起來用。

桌旗協力／ jokipiin pellava（aulii・WESTCOAST 股份公司）

餐墊（午餐墊）

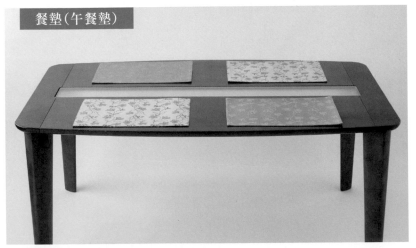

餐墊為檯布的省略形式，不僅可以輕鬆使用，即使是有幼兒的家庭也能安心使用。一人份的布置通常要擺設寬 45 公分，深度 35 公分的產品。

檯心布

檯心布是布料覆蓋兩層時上面的那塊布，通常為四邊100
公分的正方形。帶有色彩和花紋的布料疊在檯布的上面之
後，就會形成歡樂的氛圍。檯心布能在隨性的情境中使用，
通常會覆蓋在對角線上，讓餐桌的四角露出來。

想要來點變化時，也可以在覆蓋檯心布時讓餐桌的邊緣露
出來。邊緣的白色區塊可以設置餐桌花藝或下午茶角落，
產生分區的效果。

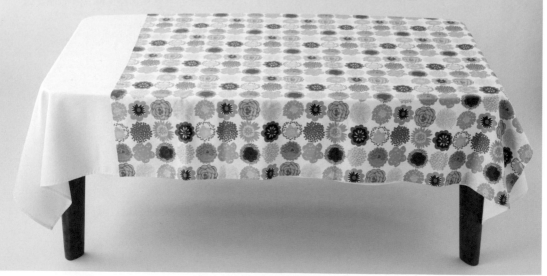

餐巾

餐巾是覆蓋在腿上以免西裝弄髒，或是用來擦拭雙手和嘴角。尺寸方面，正式宴席為 60 公分正方形的白麻布，半正式也要以此為準。晚餐用 50 公分正方形，午餐用 45 公分正方形，下午茶用的比正餐還小，雞尾酒用的更小，要依照情境改變材質和尺寸。除了色彩之外，摺出的形狀也值得玩味。

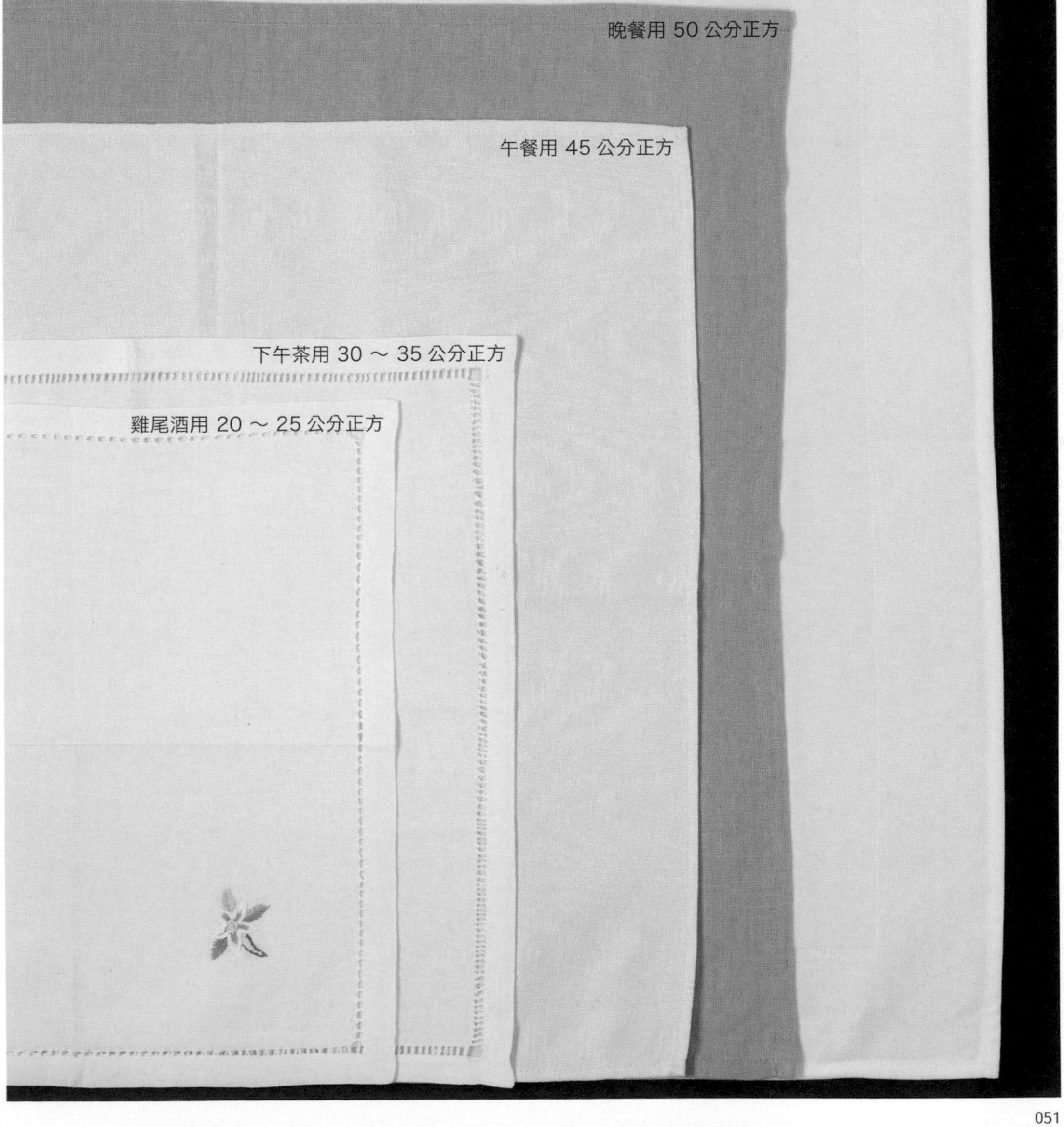

正式和半正式宴席用 60 公分正方

晚餐用 50 公分正方

午餐用 45 公分正方

下午茶用 30 ～ 35 公分正方

雞尾酒用 20 ～ 25 公分正方

餐桌裝飾品

放在餐桌上的物品，除了直接用來吃飯的食器、玻璃杯、刀叉和餐桌用布之外，就統稱為餐桌裝飾品。其中有造型特殊的鹽罐、胡椒罐、餐巾環、刀叉架、名牌架、酒杯識別器等物，這些又稱為餐桌擺件，是製造對話機會、展現歡樂氣氛時不可或缺的元素。

燭臺

A

中央擺飾是置於餐桌中央的大尺寸陳設品，也屬於餐桌裝飾品，餐桌花藝、燭臺、大盤子和高腳盤等物就包含在內。這也有助於呈現出餐桌的立體感，展現季節的氣氛。

只要配合概念或主題活用餐桌裝飾品，就會釐清配置的整個架構，讓餐桌裝飾品扮演重要的角色，發揮最大的效果。

B

蠟燭的火焰替餐桌帶來安慰和溫暖，因此不會在午餐、下午茶及其他白天的時間帶使用，而在正式的宴席上則會使用成對的蠟燭。

A：5支燭光並立的古典樣式銀製燭臺。會用在沉穩的餐桌配置上。
B：同樣是銀製品，這裡的則是現代樣式。是以「昆庭」的「Vertigo」系列產品，做出時尚的配置。（協力／昆庭 大倉酒店東京店）

鹽罐和胡椒罐

A

B

C

中世紀時期，西方人會將貴重的鹽巴或香料，放進一種叫做「船形盆」（nef）的船形裝飾容器中，置於主賓客的面前，上座（upper salt）這個詞就是從鹽巴（salt）而來。即使是現在，餐桌基本上也會準備一套鹽罐和胡椒罐放在主客的旁邊，以便能夠各自依照喜好調整味道。

A：古典樣式的鹽罐和胡椒罐。以古典銀製成，是刻有緞帶和裝飾花環的優雅設計。

B：昆庭的 Vertigo 系列產品。以銀製成，簡潔而時尚的設計適合現代樣式的配置。（協力／昆庭 大倉酒店東京店）

C：這是隨性風格的設計。左邊為陶器，右邊為白鑞製品。

其他餐桌裝飾品

B

C

D

E

A

以上是製造歡樂與對話機會的設計餐桌擺件。

A：餐巾環。正式的餐桌上不會使用。可以當成營
　　造效果的小道具，活用在隨性風格的餐桌上。
B：鳥籠形狀的香料座，附有迷你湯匙。
C：劍叉組。
D：茶蠟用的底座。
E：卡片座，也可以用來夾名牌或菜單卡。

1 關於銀器的上茶

銀器又稱為銀製凹形器皿，小的有鹽罐、胡椒罐及奶油盒，大的有茶壺、高腳盤、酒瓶冰桶及托盤等。銀器美麗的光輝令人憧憬，也讓餐桌顯得隆重。

銀器可以分為純銀和鍍銀（銀盤）（參照P.126）。銀器會刻上純度印記(Hallmark)制度中所代表的標示，也可以從印記看出其品質和生產時代。銀器乍看之下門檻很高，既昂貴又難以取得，卻也是能夠代代長期使用的食器，因此從結果來看其實很經濟實惠；而且銀器還可以在日常生活中繼續使用而不是束諸高閣，只要習慣使用成自然，就可以保持銀器的美麗和光輝。

陶瓷器的各個系列產品會在上茶(茶壺、奶精罐、糖罐)之際秀出來，若要全部湊齊會很辛苦且有難度，所以才要推薦銀器的茶具組(上茶)。無論是古典暨優雅風格還是現代風格，這兩種樣式在陶瓷器的分類上都有很多個茶杯和茶托，假如有一套搭配這些陶瓷器的銀器茶具組就會很方便。左圖下方是在英國找到的19世紀維多利亞樣式茶具組，特徵是在裝飾性當中混雜哥德到新古典的權威主義樣式。壺蓋提把上的花朵造型、把手的曲線，這些在細部都有加上細微的裝飾，展現出格調高超的存在感。挑選要搭配的茶杯和茶托，比起現代風格更適合選用優雅風格的

在英國找到的19世紀維多利亞樣式茶具組。
適合古典和優雅風格的茶杯和茶托。

茶具，這裡的範例是選用匈牙利的名窯「Herend」的「Apponyi Green」系列產品來做搭配。

下方圖片的器皿為英國老店銀製品品牌「Mappin & Webb」的裝飾風式樣茶具組。Mappin & Webb 是 1897 年維多利亞女王的御用廠商，後來就成了歷代王室愛用的品牌。裝飾風式樣以輪廓鮮明而簡單的設計為特徵，能夠輕鬆搭配現代風格的器皿，所以這裡是將法國銀器品牌「昆庭」的「Vertigo」系列托盤，與法國瓷器品牌「Raynaud」的「Oscar」系列茶杯和茶托相搭配。

保養銀器的方法

銀器若常使用，用久了之後質地會變成像是柔軟的海綿。此時可以用加了稀釋過的中性清潔劑溫水清洗，之後要盡速以柔軟的布完全擦乾水分。後續使用時，不能將茶倒進去擱置好幾個小時，或一直浸泡在水裡，也不能使用漂白劑和尼龍鬃刷，這些都會影響銀器的使用壽命。

銀製品長時間接觸空氣就會逐漸發黑，這種情況不是生鏽，而是硫化（因為接觸蘊含在大氣中的硫磺化合物而變色）。假如變色得很嚴重，使用市售的亮銀劑也能有效清潔，只要將銀製的刀叉裹在布裡，再放進塑膠夾鏈袋當中，就能防止變色。

英國老店銀製品品牌「Mappin & Webb」的裝飾風式樣茶具組，適合現代風格的茶杯。
協力／昆庭 大倉酒店東京店（托盤）、Ercuis Raynaud 青山店（茶杯和茶托）。

餐桌花藝

餐桌花藝的作用和尺寸

餐桌花藝的意思簡單來說就是裝飾餐桌的花，即使形容為「最有效果的中央擺飾」也不為過。餐桌花藝不僅能展現季節感，還能讓餐桌用品與花色產生連帶感，或是配合花色選擇用品，將餐桌的主題或概念展現得更多采多姿。

餐桌花藝的尺寸要在餐桌面積的九分之一之內，以免妨礙用餐；只要想成是餐桌寬度的三分之一，長度的三分之一，就會等於這個大小。

餐桌花藝的基本造型1：圓球型

適合圓球型插花的花材由兩種所組成。一種是花形為球狀的量形花（mass flower），另一種是分支的花莖前端開很多小花的填空花（filler flower）。其中要注意的是，餐桌花藝要避免使用花朵沿著一根長莖綻放的線條花（line flower）。

餐桌花藝通用度最高的設計是圓球型插花。因為無論從哪個角度看，安插弄成圓弧半球形的花朵，四面都可以很美地呈現出設計，也讓有高度的檯座形狀看起來小巧玲瓏；只要壓低檯座的視覺高度，就會塑造出優雅的印象。

花器為帶腳的高腳盤型，圓形開口比較容易插。假如沒有花器，就把花泥磚放在盤子上再插，或是插在燭臺和糖罐裡較好固定。

左圖、下圖，是用來插花的高
腳盤型花器。因為擺放餐桌後
很能突顯高度，所以在餐桌上
很引人注目。右圖從左到右可
以看到花器材質五花八門，左
邊是燭臺，只要將花泥磚放在
盤子上，就可以當成花器使
用。中間是玻璃製的糖罐，拿
掉蓋子可以當成花器使用。右
邊則是鑄物花器。

Flower&Green 使用花材

玫瑰（甜蜜雪山〔Sweet Avalanche〕、羅吉塔溫德拉〔Rojita Vendela〕、薄荷茶〔Mint Tea〕）、
洋桔梗、白星花、金絲桃、百部、懸鉤子「寶貝手」（Baby Hands）。

餐桌花藝的基本造型2：水平型

水平型插花是由量形花和填空花組成，要選擇洋桔梗、百部或其他展現柔和線條的花材。

線條橫向延伸到接近水平的優美設計，從上面看下去是鑽石形（菱形），從旁邊看過去是三角形。雖然和圓球型一樣為四面呈現設計，給人的印象卻比圓球型柔和而優雅，也適合正式或半正式的布置。

花器使用和圓球型一樣的高腳盤型也沒關係，不過選擇開口為橢圓或長方形的容器會比較容易插。正圓筒形、正方形或其他直線形的花器就不適合了。

花器為高腳盤型，開口要橢圓形的才適合。右邊是上圖用來插花的白色系花器。

Flower&Green 使用花材

玫瑰（甜蜜雪山〔Sweet Avalanche〕、羅吉塔溫德拉〔Rojita Vendela〕、薄荷茶〔Mint Tea〕）、洋桔梗、白星花、金絲桃、百部、懸鉤子「寶貝手」（Baby Hands）。

正式或半正式的布置中，蠟燭會成對布置，就像是夾住中央擺飾的花朵一樣。

重複

這個方法是以高度和份量相同的花材,插出
造型重複的花飾。即使在插花時減少花材的
份量,也會因為重複而塑造出現代風格的印
象;使用線條花或花朵碩大形狀明確的定形
花(form flower),只要少量就能發揮效果,
不過假如份量稍微再高一點也會更有效;另
外,用量形花重複弄出圓球型插花,也會展
現衝擊感。

Flower&Green 使用花材
赫蕉、花燭、石竹「綠色松露」(Green Truffe)。

配置技巧 2

陪襯

有時會因為餐桌配置的主題不同，以至於中央擺飾不是插花，而是放上大盤子、湯盅或前菜架，這時，就要把餐桌花藝當成陪襯。除此之外，有時想要使用帶有樹枝或其他高大的花材時，因為放在中間會遮住視線，所以就放在旁邊。這個範例是選擇具有高低差的花器，營造韻律感。

Flower & Green 使用花材

雲龍柳、赫蕉、花燭。

餐桌布置基本功

學習重點 ● 了解餐桌布置的規則和功能意義。
　　　　　● 學習其他的情境布置基本功。

私人空間和公用空間

餐桌布置指的是依照規則，排列用餐時所需的食器類、刀叉或玻璃杯類用具。西式餐桌布置大致可以分為正式、半正式、簡式晚餐及隨性。布置有其規則，不但有美觀的效果，還有功能上的理由。這裡會說明組成餐桌的區域、私人空間及公用空間。

私人空間是餐桌上一個人吃飯所需的面積，固定為寬 45 公分（人類的肩寬），深度 35 公分，再加上與隔壁就座者的間隔 15 公分。深度 35 公分是能輕鬆伸手的範圍，是從擺放直徑 27 公分的餐盤，布置玻璃杯和其他用品所需的空間推算而成。麵包盤放在左邊寬 45 公分的範圍內，就會布置得很美觀。正式的餐桌上，全套刀叉也要放在 60 公分以內的範圍，餐桌的邊緣也要記得空出 15 公分。

私人空間以外的地方稱為公用空間。擺放大盤子和中央擺飾的共用區域，寬度最好是能夠擺放長徑達 30 公分的大淺盤（platter）。確保私人空間之後，就要推估公用空間，計算點綴中央擺飾的花朵大小。餐桌花藝的尺寸要在餐桌的九分之一之內。西式餐桌布置的基本原則就是以中央擺飾為中心的對稱結構。

組成餐桌的區域

4 人，餐桌尺寸 150×90 公分的情況

90公分

從邊緣空出15公分
以上的間隔

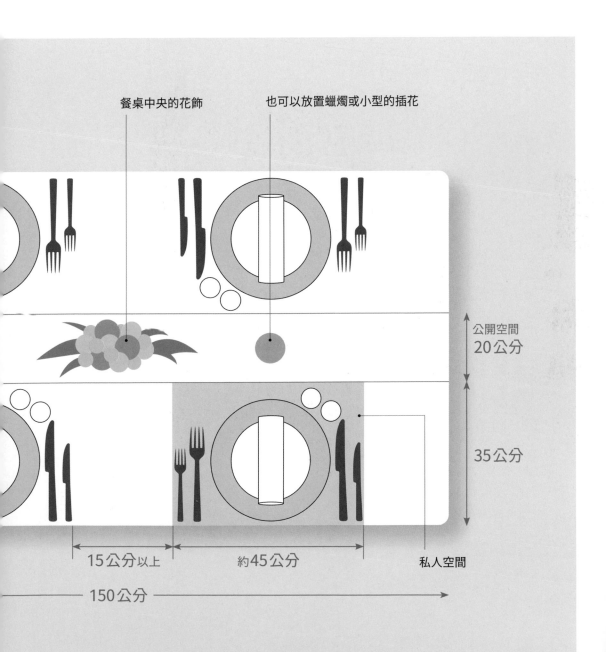

餐桌中央的花飾　　也可以放置蠟燭或小型的插花

公開空間
20公分

35公分

15公分以上　　約45公分　　私人空間

150公分

半正式晚餐布置

半正式晚餐布置會出現在正式場合或安排宴客時。正式和半正式場合中，器皿最好要使用同系列產品：檯布要選擇白色或淺色，餐巾也要同色；餐盤和麵包盤要統一使用同系列產品。

擺放盤子或刀叉的位置，可以藉由手指的寬度比對。食指和中指併攏（照片左）是 3 公分（兩指），連無名指也併攏（照片右）是 4 公分（三指）。

布置的方法

1 餐盤擺在離餐桌邊緣 3 公分的地方（兩指的寬度，參見左邊的照片）。麵包盤擺左邊，沒有多餘的空間時，就像上面的照片一樣放在左上角，奶油抹刀要擺在盤子上方。

2 刀叉以菜餚的數量為準，擺在餐盤的兩旁。要依照使用順序，從外側排列在離餐桌邊緣 4 公分（三指的寬度，參見左邊的照片）的位置。刀子擺右邊，叉子擺左邊。照片是上三道正菜的擺法，其中有前菜用的點心刀和點心叉，以及主菜用的餐刀和餐叉。

3 玻璃杯的位置要從餐刀的前端算起。要按照用餐的順序，從外側依序放上香檳杯和葡萄酒杯。

4 餐巾簡單摺好，放在左邊。

簡式晚餐布置

這是適合家庭的布置方法。以疊放在上面的點心盤提供前菜，等到撤下前菜的器皿後，主菜就以大盤子上菜。假如主菜是分裝到餐盤上的形式，女主人只需中途離席一次就可以弄好。另外，簡式布置的器皿就算沒有統一使用同系列產品也不要緊。

布置展示盤（show plate）和麵包盤時，展示盤上不會放食物，就算把餐巾放在展示盤上也可以。

布置的方法

1 餐盤放在餐桌上，上面疊放前菜用的點心盤，變成雙層盤。

2 將擺放刀叉用的刀叉架放上去，再安放餐刀和餐叉。這是在暗示客人「前菜和主菜統統都請用這把刀和這支叉」。

3 擺放香檳杯和葡萄酒杯。

4 由於玻璃杯和刀叉都集中在右邊，所以餐巾要放在左邊。簡式晚餐或隨性的場合時，也可以使用餐巾環，但在正式或半正式場合中就不會使用。

隨性布置

照片中的布置是設想成午餐情境，在這樣隨性的場合中，無需湊齊同一系列的盤子。另外，只要在刀叉的布置上添加玩心，也就會跟流體般的餐巾摺法相得益彰，展現動感並營造歡樂的氛圍。黑色瓷器的餐盤上疊放帶有花紋的玻璃盤，再以藍色的餐巾突顯重點。

模式1

餐巾摺法會改變餐桌給人的印象。像是隨性風格的餐桌上，只要摺出動感形狀的餐巾，就會增加餐桌上的樂趣（參照 P.108 ～ 111）。

布置的方法

1 餐盤放在餐桌上，上面疊放玻璃盤，變成雙層盤。
2 餐刀和餐叉擺放在玻璃盤的上方。
3 葡萄酒杯擺放在右上方。
4 玻璃盤的左邊擺放摺成流體狀的餐巾。

照片為提供日西折衷料理的布置參考，並以需要盛放好幾種前菜的情況來設想。黑色瓷器的餐盤上疊放附蓋杯、一口杯（shot glass）

及前菜匙。假如要放筷子搭配刀叉時，不妨縱向安放在刀叉架上。最後將餐巾摺出斜線，讓整體輪廓更鮮明，營造出現代風格。

模式2

隨性的餐桌上，搭配形狀和材質不同的器皿，可以更添加趣味和玩心，給人歡樂的印象（參照 P.94 ～ 99、P.122 ～ 127）。

布置的方法

1 餐盤放在餐桌上，附蓋杯和一口杯疊放在深處，前菜匙疊放在近處。

2 刀叉架放在右邊，依序從外側擺放筷子、餐刀及餐叉。

3 餐刀的前方依序從外側擺放香檳杯和葡萄酒杯。

4 左邊擺放帶有斜線的袖珍型餐巾，與右邊的刀叉取得平衡。

2 西式和日式的現代餐桌布置

日式現代風格與傳統或純粹的日式餐桌不同，指的是配合現代生活方式的配置和布置。像是以日式為基礎納入西式的要素，或是反過來在西式布置當中添加日式的風味和素材，將傳統和現代的事物、日式與西式合璧，營造協調且平衡的餐桌。

左下方是西式餐桌布置，採用法國「J.L Coquet」的「Hémisphère」金屬粉裝飾盤疊放「Jaune de Chrome」的「Aguirre」點心盤，刀叉是成對布置，再加上優美的盤子配上活用曲線的「節慶」餐巾摺法，達成優雅而隆重的氛圍。（關於「節慶」摺法可參照 P.108）

此為西式布置，以優美的盤子為中心，活用曲線塑造優雅而隆重的氛圍。
協力／Atelier Junko

右下方照片的布置雖然使用同樣的檯布、點心盤及刀叉，但改成了日式現代風格。比如使用正方形漆黑的折敷（木製方盤）之後，就明確劃分出私人空間，給人緊繃的印象；在點心盤上布置了蒔繪的輪島塗平盤；漆器要是使用金屬製的刀叉就會刮傷，所以在刀叉架上添加筷子；挑選與漆繪相呼應朱色的餐巾，並摺成小小的直線造型。花器材質則是從玻璃換成黑色書本狀，最後就形成強調直線而帶有抑揚頓挫的布置。

把上一頁的布置改成日式現代風格。藉由添加直線結構和黑色調，形成層次交錯的布置。

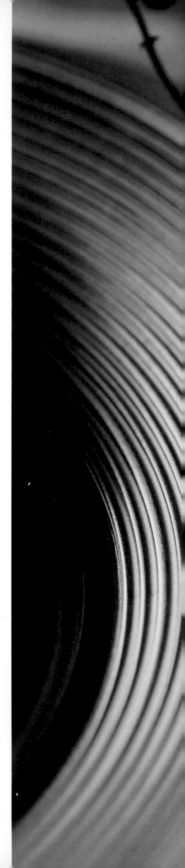

Chapter 3

從色彩、造型和材質，
思考餐桌配置的技巧

色彩、造型和材質稱為設計三要素，也是
餐桌配置當中，可以讓飲食變得美味、歡
樂和愜意所需的要素。本章會按照「色
彩」、「造型」和「材質」三要素提出實
例，同時說明這些要素在餐桌配置上發揮
的效果。

「關於色彩」內容會介紹配色時應該知道
的知識和基本技巧，「關於造型」和「關
於材質」中則會說明盤子、刀叉及玻璃杯
等物的造型和材質種類。另外在「6 人餐
桌的配置範例」當中，則會以 6 人用的
基本餐桌為例，變化不同的盤子、餐巾及
餐桌花藝時，給人什麼樣的印象和效果。

學習重點 ● 藉由改變色彩，就可以大幅改變餐桌給人的印象。
　　　　　　● 客觀審視色彩，學習配色的基本技巧。

色彩體系是什麼

色彩體系是讓人客觀掌握色彩，並懂得配色的技巧基本功。色彩大致可分為「有彩色」（能夠感受到色澤的色彩）和「無彩色」（無法感受到色澤的色彩，也就是指白色、黑色及灰）這兩種。另外，有彩色是由「色相」、「明度」及「彩度」組成，稱為色彩的「三種屬性」。

色相是像紅色、黃色以及藍色這種顏色特徵鮮明的色澤；明度是指色彩的明亮程度；彩度則是指色彩的鮮豔程度；「色調」是明度和彩度的結合。而在這些定義之下，無彩色只有明度之分。

色彩體系是以美國畫家兼美術教育家的阿爾伯特・孟塞爾（Albert Munsell，1858～1918）的研究成果為基礎，他想要以條理分明的方式展現色彩的命名法。餐桌配置當中色彩的作用會很大，因此要善加策畫活用。

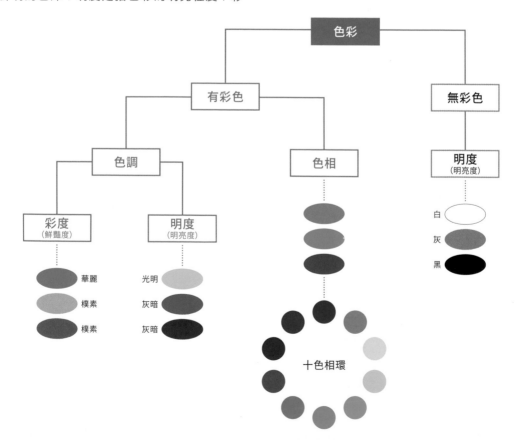

關於色相

色相指的是像紅色、黃色及藍色這種顏色特徵鮮明的色澤，由於色彩的光線波長不同，所以肉眼會感知到紅、橙、黃、綠、藍、紫這種連續的變化。這種連續排列成圓環狀的圖形就稱為「色相環」。

色相可分為暖色系、冷色系及中性色。暖色系有紫紅色、紅色、橙色及黃色，會在心理上給人溫暖的印象；冷色系有綠色、藍綠色、藍色及藍紫色，會在心理上給人陰冷酷寒的印象；而其中，中性色有黃綠色和紫色，這兩者不屬於暖色和冷色任何一邊。人類會憑本能靈活運用色彩，夏天就使用冷色系，呈現清涼感，冬天就使用冷色系，讓人感覺溫暖，因此，餐桌配置方面也會配合目的與效果選擇色彩，藉此色彩心理獲得同樣的效果。

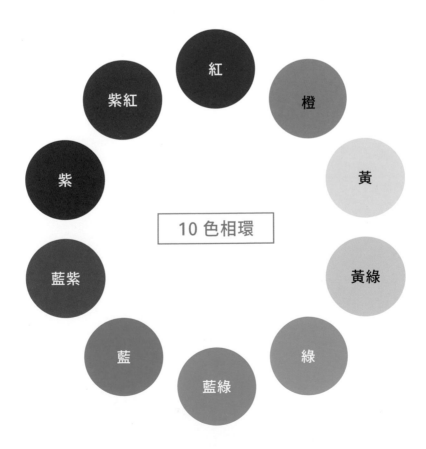

關於色調

色調是搭配色彩明度和彩度後的產物。圖中的縱軸設定為明度（愈往上愈明亮），橫軸設定為彩度（愈往右愈鮮豔），總計12種色調。這12種色調可分為「華麗」、「光明」、「樸素」及「灰暗」4種。

圖片右方的「鮮豔色調」是色相當中最鮮豔的顏色，加上少許灰色會變成「強烈色調」，這兩種色調就是「華麗色調」。 鮮豔色調加上白色會變成「明亮色調」、「淡色色調」

以及「極淡色調」，這3種色調會歸類為「光明色調」。

鮮豔色調混合灰色之後是強烈色調，再下來則會變成「淺色色調」、「淺灰色調」、「濁色色調」及「灰色色調」，這4種就是「樸素色調」。假如加上黑色就會變成「深色色調」、「暗色色調」及「暗灰色調」，這3種會歸類為「灰暗色調」。

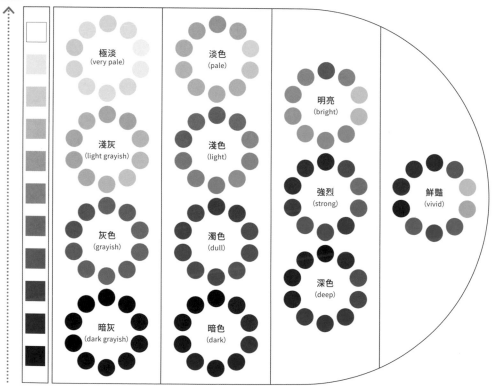

配色技巧是什麼

配色技巧顧名思義，就是色彩和色彩相互搭配的技巧，餐桌配置當中也少不了前面提到的色彩體系知識。

色相搭配的模式有「同一色相」、「類似色相」及「對比色相」。另外，用色的排列方法則有「漸層」和「分離」的技巧。下一頁起會以實際的餐桌配置為例，說明配色技巧。

假如把紅色視為基準點，隔壁的橙色和紫紅色色相就是類似色相的關係；位置相反的藍綠色相是相對於紅色的補色，從藍紫到黃綠包含補色在內的則是對比色相。

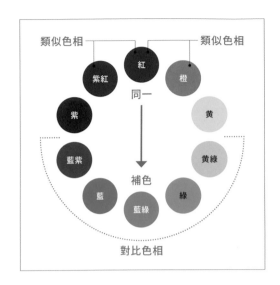

1. 同一色相

色相環當中屬於相同色相的色彩搭配。假如連色調都統一，就會變成同樣的顏色，所以要藉由色調製造變化。這會給人整齊劃一的印象。

配色範例

2. 類似色相

色相環當中左右兩旁的色相搭配，這比同一色相更能呈現微妙的差異，也會給人整齊劃一的印象。

配色範例

3.對比色相

色相環當中，將一個色相與相對的 5 個色相搭配，其中包含位在對面的補色。這可以呈現鮮明的衝擊感，給人突出的印象。

配色範例

※ 色調方面也可以依照同樣的觀念，將配色分為「同一色調」、「類似色調」及「對比色調」。

4. 漸層

從明到暗，依照色相環的順序或某種規則，慢慢改變色彩的配色，給人沉穩而細膩的印象。

配色範例

5. 分離

配色時像明、暗、明或暗、明、暗這樣突然改變明度，或是像冷、暖、冷這樣交互搭配具有對比要素的色彩。藉由夾雜黑色或白色，塑造緊繃和層次交錯的印象。

配色範例

同一色相 色相環當中屬於相同色相的搭配

!POINT
**以穩健的方式統一配置，
就不容易失敗。**

這個餐桌配置範例使用基本的白色盤子，再
以粉紅色系統合整體感。檯布的粉紅色屬於
色相環的「紫紅」類，色調為光明澄澈的「明
亮色調」。定位盤的深粉紅色為「鮮豔色調」，
餐巾為壓低彩度的粉紅色，蠟燭為深粉紅色。
雖然餐桌花藝多少帶了點紫紅色隔壁的紫色，
不過整體來說卻幾乎都是粉紅色系，而且是
運用粉紅色的深淺程度，也就是以「紫紅類
的色調變化」進行餐桌配置。

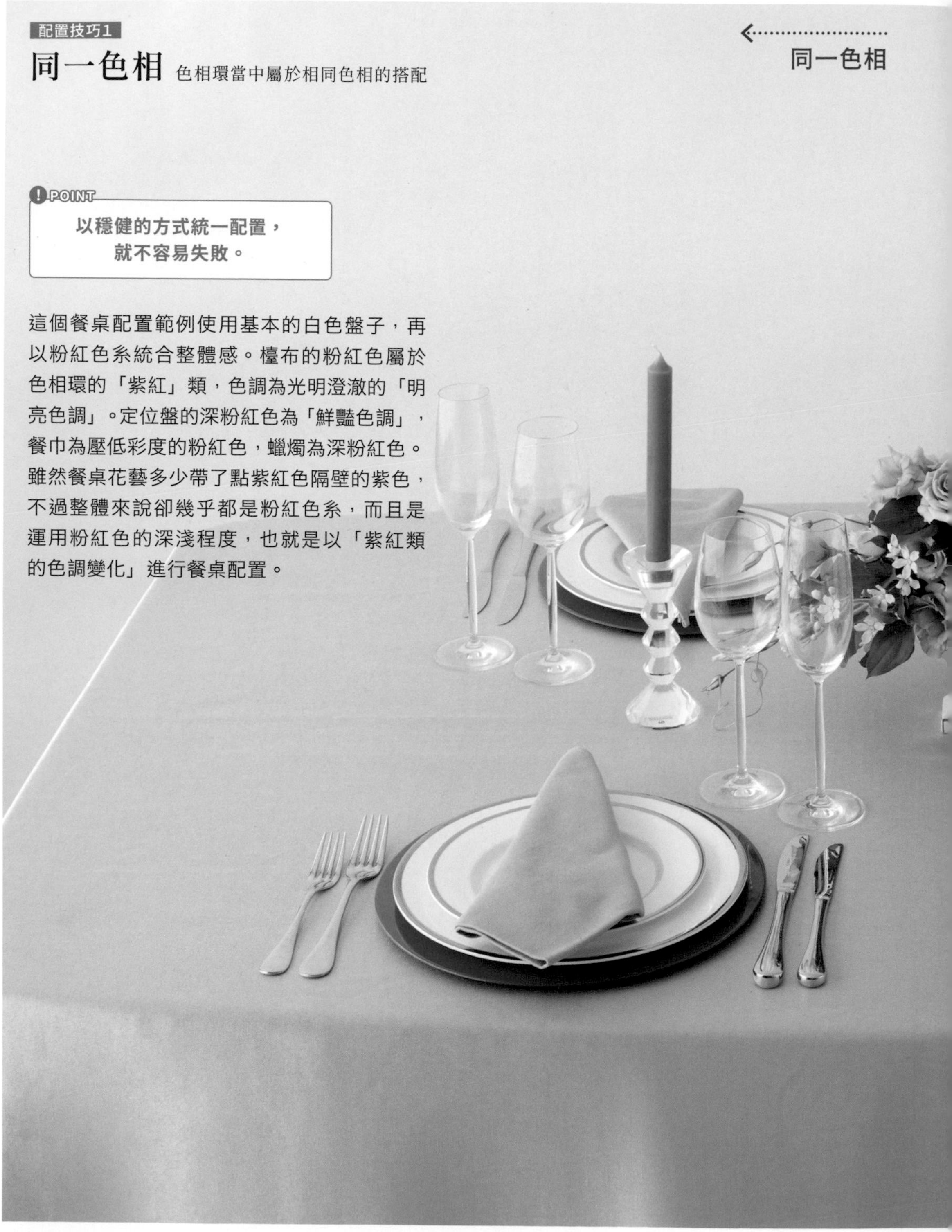

類似色相
`--------------------->`

類似色相 色相環當中左右兩旁的色相

> ! POINT
>
> **比同一色相更能表現微妙的差異，**
> **增添高雅和洗鍊感。**

這個範例是保留上一頁餐桌配置使用的白色盤子和檯布色，蠟燭和餐巾改成色相環中屬於紫紅隔壁的「紫色」。蠟燭選擇偏灰色的「淺色色調」，餐巾選擇淡紫丁香色的「淡色色調」，在紫色類當中改變色調。定位盤選擇與紫色類「淺灰色調」最接近的色彩，也就是無彩色的灰色，營造平靜的氣氛。在配置眾多粉紅色系當中，添加偏灰的紫色系深淺變化，就會讓人感受到高雅和柔和的氣氛。

配置技巧 3

對比色相 色相環當中與一個色相相對的5個色相，其中包含位在對面的補色

！POINT

> **突顯色相的差異，**
> **營造動態的印象，能夠展現衝擊感。**

這個範例的檯布色彩選擇色相環的「藍紫」，搭配位在對面的補色「黃色」和對比色相「紅色」。餐盤是藏青色，與檯布的藍紫色是同一色相的關係，卻夾著對比色相的紅色餐墊，突顯彼此的色彩。而做為補色的黃色玻璃盤與接近藏青色的黑色餐巾為對比色相，交錯設置之後，就能清楚呈現所有用品的自我主張。3個黑色的花器排列在中央，藉由花燭的紅色和赫蕉的橙色展現衝擊感。

·····························>

對比色相
模式 2

! POINT
藉由增加中性色的綠色，讓印象變得比上一頁柔和，
能夠展現「突出感」和衝擊感。

這裡是將上一頁使用的餐墊，改成色相
環當中與檯布對比的色相「黃綠色」。
餐桌花藝的紅色花燭、橙色赫蕉及葉片
的綠色也是紫藍色的對比色相，所以會
清楚強調出各個色彩。黃綠色是既非暖
色也非冷色的中性色，餐盤與餐巾和花
器一樣是無彩色的黑色。藉由縮限餐桌
上的色彩數量，塑造出比上一頁還沉穩
的印象。

漸層 從明到暗，依照色相環的順序或其他規則，慢慢改變色彩的配色

> **！POINT**
>
> **容易表現溫柔細膩的印象，**
> **且能夠展現高雅洗鍊的餐桌配置。**

這個範例整體是以無彩色的灰色深淺做出的漸層。灰色因為沒有色澤，往往會顯得寂寥，因此要搭配帶有花紋的桌旗來製造變化。像是有光澤的銀色定位盤，搭配同樣帶有光澤，以盤緣寬廣為特徵的銀色設計餐盤，餐巾則選擇淺灰色，塑造出一連串灰色的流體。中央擺飾的花器也是選用銀色和灰色的陶器，插花也是以淡粉紅色到紫色這些沉穩的色彩融會而成。

桌旗協力／jokipiin pellava（aulii‧WESTCOAST 股份公司）

分離 突然改變明度或色彩的配色

> **❗POINT**
>
> **呈現層次交錯的效果，**
> **營造俐落和現代的印象。**

分離是突然改變明度或色彩的配色，比如像明、暗、明或暗、明、暗這樣改變明度，或是像冷、暖、冷這樣交互搭配，並具有對比要素的色彩，比如餐桌配置當中夾雜白色或黑色，就會發揮這種作用。這裡照片的分離範例是採用明度低的深藏青色檯布，夾雜明度高的白色桌旗，餐巾則是將桌布的深藏青色色調改變後的同色系款，讓餐桌呈現出抑揚頓挫，產生輪廓鮮明的印象。整體來說深藏青色和白色的對比很明顯，可以塑造出清爽的印象。

關於突顯的效果 Tips!

同樣是深藏青色桌布配白色桌旗的分離範例，
下方的照片與左邊相比，給人的印象就顯得有
點庸俗，會有這樣的差別是因為桌旗的幅度拓
寬，增加了白色的面積，然而底色藏青色與白
色的比例最好在 9:1 或 8:2，視覺上會比較均
衡。在這個配置範例當中，白色和紅色是突顯
的顏色，但在使用白色或紅色這類高彩度的色
彩時，則要記得縮小面積，以收畫龍點睛之效。

檯布色彩和花紋的效果

檯布的色彩占餐桌面積最大，因此，若只是「更動檯布這項元素，就會改變餐桌配置的印象」這種說法也不為過。

左下方的範例使用素色的桌布。米色麻質桌布和綠色餐巾的搭配，是類似色相的配色；餐桌花藝也是綠色較多的插花，整體來說給人沉穩溫柔的印象。假如想要稍微表現出層次交錯的感覺，即使同樣是素色，也可以搭配色相與餐巾的綠色對比的桌布。

素色檯布

❗POINT
綠色的餐巾和花卉的線條相當分明，能夠塑造出一貫的高雅，不會失敗。

右下方的範例是保留食器和餐桌花藝，桌布改成花紋圖樣。這個例子其實很適合用在，當盤子是素色或特徵不太明顯時，只要選擇有色或帶花的桌布，多樣的圖案與色澤就會增添華美和歡樂氣氛。一般來說，花紋大的圖案容易展現衝擊感，花紋小的則會形成「浪漫」或「自然」的溫和印象。

花紋檯布

! POINT
若要營造華美而歡樂的印象， 則可以採用花紋、 花卉和餐巾等物， 這些具有共通的色彩之後，就容易塑造整齊劃一感。

色彩帶來的心理作用

人類的視覺可以捕捉的可見光範圍是紅色的 780 奈米到紫色的 380 奈米，進入視覺的色光會深深影響人類的生理和心理，而關於色彩和心理關係的研究正在進行當中。因此，即使同樣是餐桌布置，色彩的不同也會讓印象突然改變；在飲食空間的策畫上，也可以藉由色彩心理，運用合適的色彩來達到目的。這裡是以紅色、藍色、綠色及紫色為例，進一步說明色彩會造成我們什麼樣的心理作用。

紅

紅色是表現強烈生命力、能量、熱情、歡喜等的色彩，具有促進腎上腺素分泌，讓神經興奮的作用。這種色彩能夠刺激食慾，讓人覺得食物很好吃。

藍

藍色能夠緩和壓力和神經緊張，引導人進入平靜的精神狀態。這種色彩會讓食慾減退，所以只要在節食中常用藍色的桌布和盤子，就會發揮效用。

❶ POINT

色彩會改變人類的心理。
配合目的靈活運用就會很有效。

綠

綠色是象徵安全、和平、安定和平靜的色彩。另外也有鎮住大腦興奮的作用，療癒視神經、疲勞和壓力。

紫

紫色從以前就是只有高貴之人獲准使用的禁色，是高位和高貴的象徵色；另外也是治癒心靈的色彩，內心受到創傷時可以解除痛苦。而運用在日式餐桌配置和現代和風也很有效果。

多色相配色的配置範例 模式1

這個範例的餐桌配置屬於多色相配色，使用豐富的色相，主要擷取色相環的「紅」、「橙」、「黃」、「黃綠」及「綠」這5種色相。在黃色和綠色花紋的檯布上，疊放珊瑚橙色的定位盤、素白色的餐盤，以及白底帶黃綠色花紋的點心盤；餐巾和刀叉是紅色和橙色；

花卉只擺一朵淺橙色的非洲菊。

因為是隨性的餐桌配置，所以就算不是規規矩矩的布置也沒關係，試著挪動刀叉呈現玩心，或是改變餐巾和刀叉的色彩，也可以展現歡樂感。

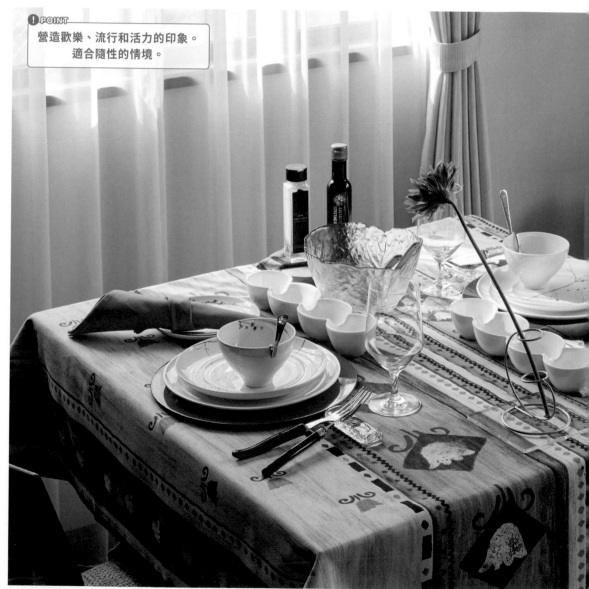

> **！POINT**
> 營造歡樂、流行和活力的印象。
> 適合隨性的情境。

午餐餐桌也添加顏色鮮豔的蔬菜點綴，給人朝氣蓬勃的印象。雖然使用許多色相，卻在包含蔬菜在內的 5 色當中取得平衡，所以沒有雜亂無章的印象。

Variation!

添加色彩突顯盤子給人的印象

這個範例是將定位盤改成黃綠色，餐盤改成盤緣帶有橙色線條的產品。藉由替餐盤添加色彩，盤子給人的印象就會突顯得比上面的布置更明確。

多色相配色的配置範例 模式 2

這個範例是把檯布改成白色、紅色。使用的色彩沒有因此改成紅色、橙色、黃色、黃綠色及綠色來搭配，而是藉由添加白色和紅色的對比，營造更現代而洗鍊的印象。

! POINT
要藉由搭橋桌旗的作用
營造現代的印象。

基調色為白色，減少色澤的份量，所以色彩會發揮突顯的作用，營造簡潔俐落的印象。

桌旗協力／jokipiin pellava（aulii · WESTCOAST 股份公司）

關於造型

學習重點 ● 知道盤子、刀叉、玻璃杯、餐巾及餐桌花藝各種造型（設計）的不同。
　　　　　● 學習如何搭配配置的主題、風格及情境，靈活運用。

盤子的造型

西式食器當中，盤子基本上是圓形，稱為「圓盤」。此外還有正方形、長方形、橢圓形、三角形、花型，再來還有以葉片或其他形狀為靈感的變形。藉由改變盤子的形狀，就可以突顯主題，或是貼近想要展現的印象，替餐桌添加玩心和趣味。

派對盤

這個盤子是中央和周圍有凹槽的設計，能夠裝醬汁或容納開胃菜匙，也最適合在自助餐派對上，做為自由盛放食物的餐盤。只要配置在就座餐桌的中央，還會變成中央擺飾。

三角盤

直線的線條具有現代感，配置時會塑造出輪廓鮮明的印象，是和隨性的情境。

花形盤

適合「浪漫」、「漂亮」等印象的盤子。只要疊在紅綠鮮豔色調的美麗定位盤上，就會突顯花朵的形狀，提升可愛感。

環形盤

帶有環狀凹槽的玻璃盤。設計上是讓醬汁在凹槽中流動，能夠藉由盛裝前菜或點心等食物的方式，展現各式各樣的氣氛。

葉形盤

形狀像是銀杏葉片的玻璃盤，不只是用於西餐，也可以用在日本菜和中餐上，是通用性高的盤子。藉由在盛裝菜餚時留下空白，表現盤子的原汁原味。若使用黃色或紅色系的盤子，還能用來展現紅葉的季節或深秋，呈現出季節感的氣氛。

環形盤

這可以當成公用餐具或分食菜餚的盛裝盤使用，也適合在派對情境上盛裝前菜或三明治等食物，還能代替茶具組的托盤使用。

> **❶ POINT**
> **基本上是圓盤。可以藉由改變形狀，展現主題和玩心。**

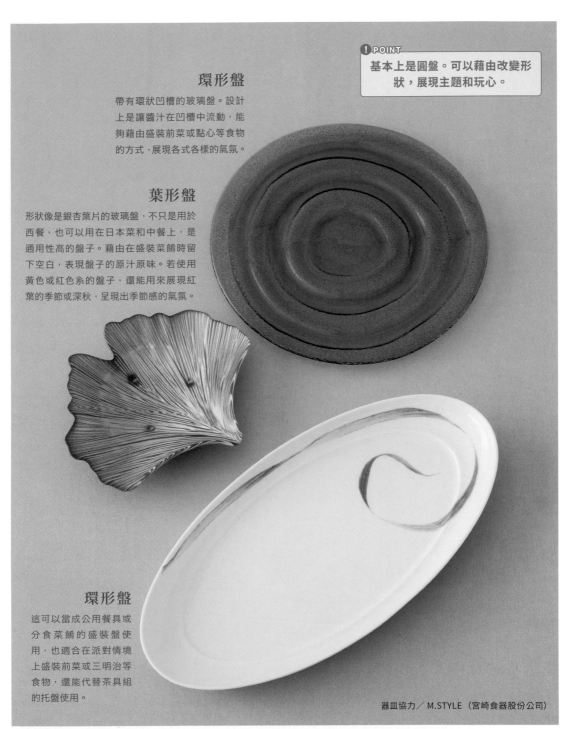

器皿協力／M.STYLE（宮崎食器股份公司）

將不同造型的盤子疊在一起

隨性的雙層盤布置是在餐盤上疊放點心盤，藉由這種形式即可輕鬆改變印象。這裡還有示範，在同樣的餐盤上放不同形狀的盤子。多加一個盤子的視覺效果就非常明顯的改變了。

! POINT

即使是同樣的布置，也能藉由疊放盤子的方式展現變化。

圓形×圓形

具有安定感的標準餐桌布置。

圓形×方形

與圓形×圓形相比，會出現變化和動感，給人歡樂的印象。

圓形×花形

藉由疊放花形的盤子，一口氣營造出可愛的印象。

圓形×變形(玻璃)

葉片設計的變形玻璃盤。端出特別料理的期待感會愈益擴大。

展現造型變化的配置範例

這個餐桌配置採用 P.94 ～ 95 介紹過的盤子。布置時是在正方形的皮革定位盤上擺放黑色的圓盤,再疊放金色的葉形盤,中央則要配置派對盤,且把派對盤擺放得稍微高一點,以上是要塑造用餐剛開始端出開胃菜的感覺。餐桌花藝是在一大一小的白色花器中,插入雲龍柳、赫蕉及花燭,呈現視覺上的動感。從此例來看,單憑改變盤子的形狀,就會增添歡樂的氣氛。

! POINT
藉由造型改款增添樂趣。

葉形盤放在黑色圓盤上,藉此突顯色彩和造型給人的印象。

器皿協力／M.STYLE（宮崎食器股份公司）

刀叉的造型和樣式

! POINT
只要了解設計和樣式，
就有助於選擇能夠配合的盤子。

用一句話來說，刀叉的形狀也是各式
各樣。關於樣式和造型（設計）密切
的關係，以下會從法國銀製餐具品牌
「Christofle」的刀叉系列產品談起。
從 P.101 起，頁數愈往後翻樣式愈新，
也可以看到把手部分的設計有所變化。
藉由了解刀叉樣式的特徵，就可以縮限
到適合搭配的盤子，讓刀叉和盤子之間
產生協調感。

刀叉協力／Christofle 大倉酒店東京店

洛可可 帝政樣式

Jardin d'Eden

從伊甸園獲得靈感設計而成的系列產
品，這組刀叉格狀的花紋上點綴很多浪
漫的花草，其特徵在於刀子的刃部、叉
子的背面（左）及其他細部也加了裝
飾，光是使用此種樣式的刀叉佈置，就
會讓餐桌變得華美。

新古典樣式

Perles

浮雕的設計受到路易十六樣式典型的串珠裝飾影響，用類似珍珠項鍊的造型替刀叉的輪廓鑲邊。這組刀叉能夠讓餐桌變得洗鍊。

洛可可樣式

Marly

由來是路易十四在巴黎近郊建造的馬里城堡（Chateau de Marly），是系列產品中裝飾最複雜和最優雅的。把手部分圓鼓鼓的形狀給人奢華的印象。

新古典樣式

Rubans

「Rubans」在法文中是緞帶的意思，是路易十六樣式中常見的裝飾主題之一。緞帶沿著邊緣打上蝴蝶結的造型設計，讓餐桌變得可愛又華美。

巴洛克 帝政樣式

Cluny

以勃艮第地區 10 世紀建造的
修道院名稱來命名的系列產
品。這組於 18 世紀製造，風
格最為古典的刀叉，特徵在
於省略一切的裝飾，簡單不
浪費的設計，不過也就沒有
照喜好選擇的空間。

帝政樣式

Malmaison

以拿破崙·波拿巴的皇后約瑟芬居
城 馬 爾 邁 松 城 堡（Chateau de
Malmaison）為意象的系列產品。
棕櫚葉和荷葉的裝飾是帝政樣式的
典型風格，以對稱的方式鑲邊，適
合古典而高尚的情境。

裝飾風樣式

America

1930 年代流行的裝飾風樣式系列產品。第一次大戰後，美國在蓬勃自由的創意中開發出許多種刀叉，為了表示對該國的敬意，於是就這樣命名。幾何學的簡單設計要搭配現代設計的盤子。

後現代

Aria

綿亙在把手部分的滑順柱身凹槽（fluting）造型，是以歌劇當中高歌的旋律為意象。這項系列產品發表時汲取 1980 年代起發軔的後現代浪潮，看起來像古代建築圓柱的設計，替餐桌帶來豪華的印象。

以葡萄酒的種類決定玻璃杯的造型

葡萄酒杯在西式餐桌上是必需品。葡萄酒怎麼入口，有沒有流到舌頭上，種種細節將會改變滋味給人的印象。玻璃杯的形狀不只包括紅酒、白酒及香檳，也會因葡萄酒的種類（葡萄品種）而異。奧地利的玻璃杯廠商「Riedel」會跟世界各國的葡萄酒生產者一起，開發最適合搭配各種葡萄酒的玻璃杯造型。這裡會介紹該廠商的「Sommelier 系列」

紅酒

Bordeaux Grand Cru

法國波爾多產的紅酒用玻璃杯。只要將波爾多產的紅酒倒入小型玻璃杯，就可以感受到強烈的單寧和酒桶香，不過這項產品的特徵則在於容量大小 860 毫升的杯身（bowl）。波爾多葡萄酒具備特殊的酸味和單寧，杯身會讓葡萄酒充分呼吸，誘發其複雜而纖細的滋味。

紅酒

Bourgogne Grand Cru

最適合裝法國勃艮第紅酒的玻璃杯，像是黑比諾葡萄（Pinot Noir）紅酒等。其特徵在於舒展複雜酒香的巨大杯身和喇叭花狀的杯緣（rim）。藉由杯緣將葡萄酒導向舌尖，調和優雅的酸味和豐富的果實味，將葡萄酒馥郁的美味表現到極致。

※ 杯身指的是裝葡萄酒的部分，杯緣是飲用葡萄酒時就口的玻璃杯邊緣。

玻璃杯，思考關於造型的事情，另外也會一併介紹開發供日本酒用的玻璃杯，以及將葡萄酒倒入後在桌上使用的醒酒器（decanter）。

> **！POINT**
>
> **玻璃杯的造型也要依葡萄品種而異。**
> **日本酒用的玻璃杯也適合西式的情境。**

玻璃杯與醒酒器協力／Riedel Japan

香檳	紅酒、白酒	紅酒	白酒
Champagne Wine Glass	**Zinfandel ／ Riesling Grand Cru**	**Hermitage**	**Montrachet (Chardonnay)**
特徵在於杯身為蛋形，而非以往的笛形。容積龐大的空間保留葡萄酒和空氣接觸的面積和香氣，反映近年來用以白酒杯品嘗香檳的趨勢。	從紅酒到白酒廣泛使用的玻璃杯。特徵在於長形的杯身，匯聚纖細的葡萄酒具備的各種香氣，導向舌尖的葡萄酒會順勢流動，促進酸味和果實味的調和。	這種玻璃杯會用於以辛辣滋味為特徵的希哈（Syrah）紅酒。略微縮窄的口徑將葡萄酒導向舌尖，形狀則會誘發豐富的果實味、深處洗鍊的酸味。	用於以勃艮第的「蒙哈榭」（Montrachet）為首的白酒，前者具有凝縮的果實味和柔和的酸味。圓鼓鼓的杯身和寬大的杯緣會襯托葡萄酒的個性。

日本酒

Super Leggero
大吟釀

專為大吟釀酒打造的玻璃杯。只要在大吟釀酒冷卻後，注入到杯身最寬的部分下面一點的地方，再轉動玻璃杯，就會和空氣充分接觸，散發新鮮的果香。

日本酒

Super Leggero
純米玻璃杯

專為純米酒打造的玻璃杯。純米酒的特徵是來自於米的馥郁鮮味，較大較寬的杯身和口徑廣闊的形狀，將會誘發這種味道，讓溫和的奶香口感長留在口中。

Decanter Amadeo

不將葡萄酒直接從杯身倒進玻璃杯，而是先移到
別的容器一次再注入。醒酒器就是扮演桌上用玻
璃製酒瓶的仲介角色，用來清除葡萄酒熟成後的
沉澱物，舉例來說，若是年輕的葡萄酒就可以先
倒入此容器中，讓酒接觸空氣，舒展香味。這個
醒酒器是從古希臘豎琴獲得靈感設計而成，高挑
而美麗的造型也主動擔綱餐桌配置的視覺焦點。

餐巾摺法的效果

配置餐桌時不可或缺的餐巾，能夠藉由摺法改變印象。雖然在正式和半正式的場合上，有一項規則是不要摺得太裡面，不過藉由餐巾摺法，就可以傳達配置的主題和訊息。這裡會介紹具代表性的摺法造成的餐巾「造型」差異。一般來說，假如能用立體的摺法展現曲線，就會顯得華美，假如活用直線，則會營造現代的印象。

優雅與華美

! POINT
摺成立體狀，
能夠看到曲線。

〔女士〕
摺邊華美，豎起來放也可以。

〔節慶〕
輕飄飄的造型是優雅摺法的基本款。

〔風浪板〕
想要用餐巾呈現衝擊感時就可以這樣摺。

※ 餐巾的摺法在拙著《餐桌餐巾的一百種摺法圖》（誠文堂新光社發行）當中有詳細的記載。

現代與簡潔

! POINT
活用直線，
摺出簡練感。

〔可頌〕
光是層層捲起，就可以塑造時尚的氣氛。

〔斜紋〕
斜向的線條給人輪廓鮮明的印象。
因為是口袋型摺法，所以也能放卡片和刀叉進去。

〔喇叭褲〕
可以夾住名牌和賀詞，
能夠廣泛活用。

〔兔子〕

除了中秋節和復活節之外，
還會用在兒童活動和其他展現可愛魅力的情境上。

〔靴子〕

只要放在耶誕節的餐桌上，
也會發揮裝飾應有的效果。

〔男孩〕[1]

以男孩為主題的摺法。
適合用在兒童節和慶生的餐桌上。

〔女孩〕

以女孩為主題的摺法。
適合用來慶祝女兒節和慶生會。

---

[1] 譯註：日本的兒童節跟傳統習俗上慶祝男孩成長的日子在同一天，所以作者認為男孩造型適合用在當天的餐桌上。

基本造型 花

!POINT

放在素色的盤子上會很顯眼。
想要在餐桌上畫龍點睛時適用。

〔百合〕

以百合為主題的摺法。
類似王冠的文雅造型適合優雅的餐桌。

〔薔薇〕

備受歡迎，以玫瑰為主題的摺法。
給人的印象就是像在餐桌上綻放花朵。

Tips!

不能放進玻璃杯嗎？

照片為「嘉德麗亞蘭」的摺法，只要放進玻璃杯再製造高度，就會襯托出動感，增添華美氣息。雖然是宴會等場合中會看到的展示方法，但實際上也有餐巾的絨毛留在玻璃杯中和其他衛生上的問題。要與飲食相稱或正式的場合中最好是避之為妙。

餐桌花藝與花器的關係

P.58～61 說明過餐桌花藝的作用和基本設計，但即使選擇同樣的花材，也會因為搭配的花器是什麼造型，而改變餐桌配置給人的印象。這裡會講解除了基本款外，通用度高且適合餐桌花藝的花器。

玻璃製花器

! POINT
所有季節均可用，適合簡單
而自然的餐桌配置。

球狀、方形、圓柱形，玻璃製的花器設計五花八門。最近還有一種材質是聚碳酸酯，外觀還是有玻璃透明感卻不會摔破，用來當作次世代型的花器，給人自然的印象，展現清爽和清涼感。

Flower&Green 使用花材
玫瑰、帶枝香豌豆、金絲桃、千日紅、尤加利、石竹「綠色松露」。

環狀花器

!POINT

所有季節均可用，無論當作中央擺飾
或放在一旁都很顯眼。

整體來說，插了花之後外觀就會變得像花環，營造華美和可愛的印象。就如這個範例所示，只要插在部分地方，就可以欣賞花器的留白，廣泛活用在日式和西式的餐桌情境中。除了平面的設計之外，還能從立體的觀點來設計，搭配花卉或是可以弄成植被。

Flower&Green 使用花材
玫瑰、帶枝香豌豆、莫氏蘭、百部、洋桔梗、千日紅。

橫向細長花器

! POINT

適合長方形餐桌的設計

這種花器適合當中央擺飾或放在旁邊的餐桌花藝。假如花器是類似這樣的流線型，插花之後就會替整體塑造出華美的印象，而若插在部分地方，即可有效展示其造型。

Flower&Green 使用花材

花燭、玫瑰、洋桔梗、金絲桃、石竹「綠色松露」、懸鉤子「寶貝手」、百部。

蛋糕架

! POINT

從浪漫到雅致，能夠
藉由花材改變印象。

原本盛裝甜點等食品的蛋糕架，只要放置小小的花泥磚，裝飾花卉當作焦點，
就會有茶點或下午茶餐桌花藝應有的展示效果。少量的花材和小花也可以獲得
足夠的效果。

Flower＆Green 使用花材

玫瑰、洋桔梗、金絲桃、懸鉤子「寶貝手」、百部、白星花。

展現造型的配置範例

!POINT
藉由減少色彩突顯造型。
展現的效果足以撼動視覺和觸覺。

容器造型豐富、充滿玩心的餐桌會帶來歡樂，刺激賓客的好奇心。這裡設想的餐桌配置情境，是以設計感豐富的容器為主角，讓人享受與勃艮第、波爾多葡萄酒搭配的開胃菜。這裡的用品範例，是從富山縣高岡市代代相傳的高岡銅器製造商四津川製作所經營的品牌「KISEN」。在此選擇以材質和造型為特色的用品來布置。

位在餐桌中央具有存在感的金銀容器「Dish CRADLE」，是以黃銅和木材製造而成。CRADLE 在英文中是「搖籃」的意思，顧名思義，特徵就是形狀像搖籃一樣搖晃的蛋形。橫向擺放的視覺衝擊，用雙手裹住即可帶著走的恰好尺寸，在在讓人覺得愉快，也讓餐桌變得既刺激又有實驗性。

想要突顯造型和質感時，關鍵就是要減少色彩。這裡以灰色的檯布為背景，使用紫色的桌旗作為點綴，因此可以在整片灰色當中，讓各個用品釋放出翩翩起舞般的存在感。

器皿協力／KISEN（四津川製作所有限公司）
·Dish CRADLE
·Dish FUNGI MID（黃金／白金）
·Wine Glass AROWIRL 勃艮第／波爾多

照片為一人用的餐桌布置。要塑造的意象是以法國里摩窯燒「Haviland」的餐盤，配上好幾種開胃菜。布置的用品有瑞典刀叉品牌「Gense」的不鏽鋼製開胃菜盤，KISEN 鋁材上鑲金箔的「Dish FUNGI」及一口杯。開胃菜以不同材質和形狀的容器盛裝，就像舞臺一樣喚來感動。

KISEN 的「AROWIRL」是由兩個部分組成的葡萄酒杯。設計上是以金屬底座為軸心旋轉著玻璃杯，藉此舒展葡萄酒的香氣和味道。雖然輕輕搖晃的玻璃杯看起來站不穩，卻也不必擔憂玻璃杯會倒，實在安心。以豐滿形狀為特徵的「勃艮第」玻璃杯，是用於盛裝白酒、粉紅酒及清淡可口的紅酒。而右前方以優雅的 S 形線條為特徵的「波爾多」的玻璃杯，則是用於盛裝濃郁紮實的紅酒。

Dish CRADLE 也布置在餐桌的中央與墊高的木盤
上。不同造型的用品也可以藉由製造高低差產生韻律
感，塑造簡潔俐落的印象。

3 花器的變體和使用方法

用在餐桌花藝上的花器，除了以花器名義販賣的產品之外，還可以活用玻璃杯、燭臺、盤子、高腳盤及酒瓶冰桶等。像是做隨性的餐桌配置時，若將花卉插在空瓶、空罐或廚房用品也會很有趣，因此只要符合所追求的餐桌配置概念，能夠調和整體風格，就可以自由應用各種花器。這裡要介紹本書使用的部分花器和用法構思。

A：將 LSA International 的彩色玻璃香檳杯當成花器使用，並運用重複的法則，就能以少量的花卉排列展現出現代感。（範例請參閱 P.137）。

B：灰色的玻璃花器。瓶口寬大，既可以使用許多花卉擺放得很豪華，也可以只投入少量大朵的花卉。本書使用一大一小的花器，分別擺放各式各樣的花材（範例請參閱 P.151）。

C：淺口的寬型玻璃花器。假如是海芋或鬱金香等植物，就可以活用柔軟的長莖，直接擺放進去；要是以大片的葉子遮住花泥磚，不管什麼樣的設計都可以做出來（範例請參閱 P.164）。

D：鋁製的「ALART」花器。簡單的直線造型適合現代風味的餐桌配置，能夠廣泛運用在日式和西式餐桌情境中（範例請參閱 P.181）。

E：ALART 的花器，設計上是將玻璃容器固定在圓形的鋁框中。雖然本書插的是海芋，但若選擇其他枝材，也可以做出日式的配置（範例請參閱 P.159）。

F：此為鐵製花留[2]。既可以插試管進去使用，也可以當成小花瓶。因為不會積太多水，所以不適合繡球花、萊蓮及其他需要很多水的花卉（範例請參閱 P.90）。

G：書本造型的陶器大小花器。既可以使用花泥磚，也可以只插上花卉就好。設計上既簡單，通用度又高，日式和西式餐桌皆宜（範例請參閱 P.168）。

H：黑色流線型陶製花器，適合不對稱的花藝設計。造型既簡單又有個性，搭配具有特色的花材較能取得平衡（範例請參閱 P.174）。

I：不鏽鋼燭臺。只要使用花泥磚，再以重複排列的法則擺放花卉，就會塑造出現代的印象（範例請參閱 P.186）。

---

[2]譯註：插花時將花卉固定在花器中的用具。

關於材質

盤子的材質

盤子的材質其實種類繁多。西式餐桌常用的是瓷器、骨瓷及陶器。

瓷器是以包含高嶺土在內的陶石為主要原料，經高溫燒製而成。瓷器的特徵為陶瓷器中硬度最強的材質，因此難以被刀叉劃傷，顏色為透明度高的白色。

骨瓷是製作時添加牛骨灰以代替高嶺土的軟質瓷器。Fine Bone China 含有 50% 的骨粉，具備象牙色溫和的質感，素胎的白色帶有暖意。

陶器是以黏土為原料燒製而成，厚實而沉重，耐熱性和保溫性都很優秀，素胎表面樸素的手感溫度很受歡迎。

除此之外，還有其他隨著飲食生活的多樣化陸續開發的產品，像是英文稱為 stoneware，以素樸的質感為特徵的「炻器」，或是木製產品、漆器這類原本就當作日式食器使用的材質，還有使用新材質，如樹脂進行特殊加工的器皿。

B

A

A：塗漆器皿
承繼石川縣山中溫泉區漆器傳統的盤子。材質使用輕盈的刺楸，再以盤緣部分的金屬粉聚氨酯塗裝點綴。配置時可以活用其木皮展現餐桌之美。協力／淺田漆器工藝有限公司。

B：樹脂
原料是飽合聚脂和玻璃纖維混合而成的新材質，帶有透明度且耐久性優異的特質。波浪狀的設計給人一種現代感的印象。協力／ARAS（石川樹脂工業股份公司）。

除了基本的瓷器、骨瓷及陶器之外，
還有漆器和新材質樹脂，種類繁多。

將器皿排出來一看，就會明顯發現材質會改變印象。

C：木材、D：石板、E：骨瓷、
F：陶器（協力／secca.inc.）、G：不鏽鋼、
H：玻璃、I：炻器（協力／secca.inc.）、J：瓷器

將不同材質的盤子疊在一起

雙層盤的布置當中，疊放盤子的方法可以做出
4 種變化。這一頁使用瓷器做為範例，下一頁
使用樹脂餐盤，4 張照片裡分別疊放不同材質
的盤子，還可以配合盤子的質感，更換刀叉
或餐桌花藝。

> **!POINT**
>
> **藉由材質的搭配改變餐桌
> 給人的印象，還可以展現季節感。**

瓷器×瓷器

同樣材質，同樣系列的雙層
盤會充分展現出正式的氣氛，
另一方面卻也會給人沒有玩
心、略為乏味的印象。

瓷器×玻璃

疊在上面的盤子換成帶有彩
色花紋的玻璃盤，與左邊的
配置相比多了玩心和樂趣。

樹脂×玻璃

這個範例是將餐盤改成消光的樹脂製品，再疊上玻璃盤，布置出清爽且適合夏天的現代感餐桌。刀叉也從上一頁的銀改成同樣是樹脂的產品，餐桌花藝也變成強調質感的現代擺設。

樹脂×陶器

這個範例是將疊放的盤子改成色澤和質感個性十足的陶器。與左邊的配置相比後覺得比較厚重感，形成適合秋冬的餐桌配置。

刀叉的材質

刀叉的代表材質為純銀、鍍洋白銀及不鏽鋼。銀質柔軟，單獨作為刀叉會不耐用，所以要再加銅的材質增添硬度。純銀的標準是純度為 92.5% 以上，英國的純度印記制度就是具有代表性的純銀保證制度。

鍍洋白銀是將純銀鍍到銅、鎳及鋅的合金上，開發作為代替高價銀的材質。鍍純銀的用品會有電鍍不鏽鋼（E.P.N.S.，Electric Plated Stainless Steel）的印記，特徵和性質類似於純銀，一般所說的銀器就是指這種鍍銀。

! POINT
刀叉代表的材質為純銀、鍍洋白銀及不鏽鋼，皆要配合盤子的材質挑選。

A：鍍洋白銀
表面的銀質質感與高雅的光輝替餐桌帶來高級感。雖然長時間接觸空氣後會變色，但只要以銀器用的布或清潔劑擦拭，就會恢復光輝。

B：不鏽鋼
做法簡單，通用度高，是最常見的材質。除了帶有光澤的產品外，也有消光質感的產品。

不鏽鋼是以鐵為基底，單獨添加鉻或添加鉻鎳兩種成分的合金鋼，通用度佳，適合用在日常生活或業務上。常見的種類有 18-8（鐵＋鉻 18%＋鎳 8%）和 18-12（鐵＋鉻 18%＋鎳 12%），鎳和鉻的含量愈多就愈耐用，愈難生鏽。

另外，刀叉的材質還有塑膠、樹脂製和漆器。挑選適合餐桌配置的刀叉時，不僅要衡量形狀或設計，也要考慮材質。

C：塑膠
把手爲塑膠材質的法國製品。可以活用其鮮豔的色彩爲餐桌畫龍點睛，營造隨性的情境。

D：不鏽鋼
新潟縣燕市「相澤工房」的「MONOPRO＋BOXER」系列產品。在不鏽鋼上塗上環氧樹脂的烤漆塗裝，藉由消光的質感塑造簡單和現代的設計。

E：樹脂
位在石川縣加賀市的石川樹脂工業食器品牌「ARAS」的刀叉。藉由特殊的技術替樹脂加工，不僅耐久性優異，且兼具質感和設計，可以輕鬆運用在日式和西式情境上。

F：漆器
漆具有其獨特的溫暖質感和手感。圖片爲石川縣輪島市「傳統工藝輪島漆器」加藤漆器店」的輪島漆器刀叉，適合纖細的設計。

玻璃杯的材質

玻璃杯也和盤子及刀叉一樣，具有配合材質和場所的風格。

正式場合適合高格調的水晶杯，這種材質光線折射率大，帶有透明感和光輝。因為具有不容易摔破的優點，所以在飯店的餐廳、飛機的頭等艙或其他需要耐用性的場合中，也會使用不含鉛的 Tritan 水晶加工玻璃杯。

A：水晶
　　水晶的英文為 crystal，意思是水晶的光輝，其中蘊含鉛的成分是為了增加光輝。

B：Tritan 水晶加工
　　耐久性優異，對環境也友善。

C：日本扁柏＋塗漆
　　這種材質正好適合現代和風的餐桌配置。協力／淺田漆器工藝有限公司。

使用透明玻璃杯可以看到美麗的香檳泡沫和葡萄酒的色彩，在設計上有時也會大膽選擇金色、銀色、黑色等帶有顏色的玻璃杯或塗漆等材質。

> ⓘ POINT
> **從水晶到塗漆，要靈活運用其特徵。**

D：塑膠
　適合用在野餐、烤肉及其他在室外的情境，以及兒童派對等。

E：鈉玻璃＋鑄物
　鈉玻璃是使用最廣泛的玻璃。特徵在於透明度高，輕盈而堅硬。協力／KISEN（四津川製作所有限公司）。

F：將黃金焊接在鈉玻璃表面上的玻璃杯。小型玻璃杯便於盛裝餐前酒和日本酒，或是做為設計焦點。

展現材質質感的配置範例

木材、玻璃、樹脂、塗漆器皿、瓷器、鐵材及不鏽鋼，搭配不同材質的食器配置餐桌。為了露出木製餐桌的木皮，要使用麻布花紋的搭橋桌旗。接著要擺上玻璃定位盤，以及各兩個色澤漂亮卻不同顏色的石川縣山中漆器盤，再根據這個布置，搭配同樣是山中漆器卻不同顏色的香檳杯。不同材質添加色彩和花紋，也會形成雜亂無章的印象，為了避免這一點，要以灰色的色澤統一整體感。

！POINT
為了發揮不同材質的個性，
要藉由灰色色調呈現統一感。

器皿協力／淺田漆器工藝有限公司
‧更迭 Fragrance Glass
　（緞緞粉／珍珠綠／酷冷黑）
‧更迭 Wood Plate
　（緞緞粉／珍珠綠）
桌旗協力／jokipiin pellava
　　　　（aulii‧WESTCOAST 股份公司）

照片爲一人用的餐桌布置。萊姆綠的玻璃的定位盤，疊放「ARAS」的灰色樹脂盤，再搭配淺田漆器工藝的珍珠綠器皿「更迭 Wood Plate」。餐巾的色彩是另一組套組所使用的綢緞粉。香檳杯是與盤子色彩相同的珍珠綠。雖然是西式布置，卻也藉由與塗漆器皿搭配，拓展菜餚的幅度。

另一組套組是在深粉紅色的玻璃製定位盤上疊放灰色樹脂盤，再疊放色彩與上面不同的綢緞粉盤。餐巾則選擇灰藍色。西式餐桌布置中，要改變盤子的顏色時，需要以偶數兩兩一起變化。

對向的座位中央擺設「有田燒」
的搭橋盤，放置附蓋瓷器和不
鏽鋼製的開胃菜匙。

餐桌花藝是在灰色花器中投入
海芋和帶枝香豌豆。為了讓
餐桌在擺設不同材質的用品後
顯得好看，要掌握簡單布置的
技巧。像是運用帶有線條的花
材，搭配花器的材質，展現美
麗的造型。

6 人餐桌的配置範例

6人的基本餐桌布置

這個範例是 6 人座的正規餐桌配置，上 3 道正菜的布置是使用同系列的食器，塑造出正式的印象。

白色麻質檯布上是將餐盤和點心盤布置成雙層盤，左邊擺放麵包盤。

刀叉需要配合前菜和主菜，因此需要準備前菜用的點心刀和點心叉，主菜用的餐刀和餐叉，以及奶油抹刀。玻璃杯也是布置成香檳杯和葡萄酒杯的對杯。

餐桌花藝是在兩個地方擺設插花，使用原本放玻璃杯的空位，讓人無論從哪個座位上都可以欣賞花卉。餐巾選擇的紫丁香色是餐桌花藝所用的色彩之一，並以簡單的方式摺疊。

! POINT
使用同一系列的食器後，
就會塑造正式的印象。

照片為使用到的食器。包含餐盤、點心盤、麵包盤、
清湯碗皿、茶杯和茶托、義式濃咖啡杯和茶托。

餐桌花藝的布局是橫向延伸到四面八方，
壓低高度，以免擋住視線。

Flower＆Green 使用花材

玫瑰、洋桔梗、花燭、藍星花、金絲桃、
白星花、南洋參。

餐巾摺法有所改變的情況

這是以同色的餐巾,將摺法改成「三角」的範例,可以製造視覺上的高度。與前一頁的範例相比,更增添趣味和歡樂。近處有名牌和賀詞卡,只要配合主題,再放置一朵花或添加禮物等,餐桌就會變得更加華美。

照片為一人份的餐桌布置。三角摺法在婚禮餐桌上也很常用,無論在日式和西式情境中通用性都很高。

餐桌花藝有所改變的情況

這個範例使用重複的法則，以等距間隔排列 5 個淡紫色的香檳杯。只要塑造出比上一頁更現代的印象，就會在此同時呈現動感。雖然花材用得沒那麼多，但是因為花瓶高度使人的視線抬高後，也會提升華美感。

使用的花卉只有鑽石百合和洋桔梗。擺放造型相異、深淺不一的粉紅色花卉，可與餐巾的色彩做連結與呼應。

菜餚加上湯品的情況

照片為一人用的餐桌布置。餐盤上方疊放清湯碗皿，再加上湯匙。

若菜餚還有加上湯品時，要使用湯皿或清湯
碗皿，因此這裡在布置時，是疊放附有兩邊
手把的清湯碗皿，以及，除了準備菜餚使用
的刀叉，也會準備飲用湯品的湯匙。因為疊
放食器而製造出高度，所以整個餐桌一下子
就會呈現出動感；餐巾摺法則是單純層層捲
成「可頌」造型，在視覺上添加橫向的直線，
塑造時尚的印象。

Variation!
藉由容器的變化增添隨性和樂趣

這是菜餚加上湯品時的變奏版。想要比上一頁更加隨性一點時，也可以不使用清湯碗皿，而是如右方的照片所示，搭配系列產品中的淺口盤，這樣就會變成不擺架子的輕鬆配置。下面是搭配義式濃咖啡杯的範例，除了可以盛裝一口湯，放開胃菜進去也會展現歡樂感。

Tips!

疊太多可不行！

疊放器皿呈現高度和動感是餐桌配置的技巧之一，但若像這張照片一樣，疊放餐盤、點心盤、平盤及清湯碗皿達 3 個以上，就會太重，需要留意。

餐桌布置的配置有所改變的情況

這是 6 人餐桌布置的配置有所改變的情況。眾人圍在餐桌旁入座，而不是每 3 個人排成一行。因為與隔壁保持適當間隔，所以會給人從容不迫的印象，適合在開懷暢聊的同時悠閒用餐。若是兩邊橫向各排成一行的配置，則會給人時尚的印象，因此 6 人的座位安排，要配合時間、地點及場合靈活運用。

這裡要更換場所的設定，說明 4 人下午茶的布置範例。

飯後的點心是以點心盤、茶杯、茶托，搭配同樣的餐巾收尾。只要把盤架擺在中央，就可以體驗到下午茶的感覺。假如在下午茶時間準備茶壺、糖罐及奶精罐的茶具組，整體就會更加鄭重。

餐巾不是飲食用的 45 ～ 50 公分見方，最好選擇小一圈的 30 ～ 35 公分見方，帶有蕾絲或刺繡等花樣的優雅產品。

餐桌花藝也是縮減體積改成小型尺寸，並選擇沒有香味的花卉，比如這裡的範例就是把玫瑰、洋桔梗、莢蒾及白星花放進玻璃糖罐。

因為是白天，所以不需要擺蠟燭。

茶具組需要茶具托盤，但不見得要使用銀製的。這裡是搭配現代感的食器，並在白色折敷上疊放壓克力托盤。

Chapter 4

從設計思考
餐桌配置的十道法則

本章會介紹有益於在實務上,架構出美麗
餐桌配置的「十道法則」,以及採用這套
法則的 7 個餐桌配置實例。以能夠實踐的
角度,隨著美麗的視覺效果,了解各個餐
桌配置的架構。

每個介紹餐桌配置的頁面中,除了說明用
品的使用要點之外,還會從怎麼構思出
發,講解「構思與架構法」逐步擴展的流
程。另外也會介紹「基本的 6W1H」,以
便可以在規畫餐桌配置前提出前後一貫的
概念。

美麗餐桌配置的
「十道法則」

要架構出美麗的餐桌配置就需要理論。只要掌握這裡介紹的十道法則，
無須單憑感覺或感性，就會完成大約八成的餐桌配置。

法則 1　釐清主題和概念

配置時必須添加與圍繞在餐桌旁的人，有共通的主題和能夠
分享的關心事，所以要補足簡單明瞭且足以象徵主題的用品
或餐桌擺件。這時也要記得聚焦在主題上，不要什麼都放。

法則 2　藉由高度和色彩呈現視覺焦點

剛開始映入眼簾的視覺焦點會產生視覺效果。中央擺飾的花
卉也好，蠟燭也好，雖然在餐桌上都很搶眼，但要在某個程
度上運用高度和深色，藉此引導視線。

法則 3　明確劃分私人空間和公用空間

只要保留私人空間（參照 P.64），就會維持功能和美觀的
平衡。有了定位盤和餐墊，即可明確劃分空間，與擺放大盤
或中央擺飾的公用空間形成抑揚頓挫的效果。

法則 4　在餐桌上製造高低差

西式食器以扁狀的平盤居多，要藉由玻璃杯或蠟燭製造高
度。假如在公用空間，還能別出心裁地運用臺座製造高低
差，就會更添動感，增加餐桌的設計性。

法則 5　欣賞重疊之美

除了在餐盤上疊放點心盤的雙層盤之外，假如還疊放開胃菜
匙、小玻璃杯及附蓋料理，就可以製造「法則 4」所提到的
高度，同時增添歡樂和驚喜。

法則 6　搭配不同材質欣賞變化

以前西式食器的正式餐桌配置，是指湊齊同品牌的同系列產品。最近的趨勢則是配合菜餚挑選材質進行配置，像是大膽改變系列產品，或是搭配不同材質，展現器皿具備的歡樂感。

法則 7　藉由顏色搭配製造關聯性

從餐具使用的色彩當中挑選花卉或蠟燭的顏色，或是與檯布的顏色連貫，只要找個地方製造顏色的關聯性，就會維持整體的和諧。

法則 8　將花紋用在焦點上

使用素色的食器或檯布等安全牌就不容易失敗，但光是桌旗或食器等物上有少量的花紋，就會增添餐桌的樂趣。不過，如果挑的是帶有花紋的檯布，食器就要選擇素色，讓花紋的份量降低到極致。

法則 9　藉由重複營造現代感的印象

想要在配置時營造現代感的印象，就要活用重複的法則。重複花器就是可以輕鬆採用的方法，同樣顏色或形狀的簡單花器只要 3 個以上就可以了；若以直線排列，自然就會引導視線。

法則 10　風格調和、樣式調和及混搭

餐桌配置中重要的是調和風格和樣式。比如要是將高級瓷器和百圓均一店的容器相互搭配，或是把有金色裝飾的富麗古典容器與實心不鏽鋼刀叉並排在一起，就會顯得不對勁。了解風格調和與樣式調和的道理之後，再大膽搭配古典和現代等不同的樣式，追求新的可能性，這才是掌握餐桌配置的技巧。

餐桌配置的構思與架構法

進行餐桌配置之際，構思的出發點形形色色，有時會從主題或概念起步，
有時則會從用品起步，像是「想要使用這個器皿」之類的。
這裡會說明擴展構思的方法。

主題

無論什麼樣的餐桌配置都需要先有主題。要以淺白的方式將想要傳達的事情具體化，不要什麼都放。

概念

決定主題之後就要建立概念，要如何做，對象是誰，塑造什麼樣的意象。美麗的配置要在穩固的概念之上才站得住腳。

主題色

決定概念之後，就要決定主要的用色。主題色要限定一種或兩種，再選擇次要色和焦點色。

餐具

具體來說，就是挑選食器、玻璃杯、刀叉、桌巾及餐桌裝飾品，挑選的同時，也是在調和風格與樣式的階段。

配置

需要好好規畫、配置挑選出的容器，才會變成外觀美麗而姣好的餐桌。要在哪裡製造高低差才會發揮效用，以建築角度來說，就屬於設計的部分。

布置

考量要兼具容易進食的實用功能與美麗的配置當中，也要留意基於人體工學的配置規則。在這個階段，布置就相當於最終造型修飾，將前面的架構實施出來。

基本的6W1H

只要在規畫餐桌配置時用 6W1H 來架構，
就可以提出更具體且前後一貫的概念。

何人 (Who)

主辦人。圍繞在餐桌旁之人的性別和年齡等，這些都會改變飲食的嗜好、空間的喜好以及舒適的品質。

為何 (Why)

用餐的目的。是為了慶祝，還是為了要聯絡感情？需要配合目的改變布置的樣式。

何時 (When)

是午餐、晚餐，還是其他時段？料理的菜單會依照用餐的時段而異，配置的樣式也要更動。

何地 (Where)

用餐的地方。是室外、室內、自家、朋友家，還是餐廳之類的會場？餐桌的造型和尺寸要跟著改變，陳設也要更動。

何事 (What)

料理的菜單。是西餐、日本菜，還是中餐？選擇的器皿會依照料理的種類而異，上菜和配置也要更動。

跟何人一起 (With Whom)

跟誰一起吃飯？是朋友，還是上司？上座下座的位置關係也要依照人際關係來考慮。

如何 (How)

樣式。是坐著吃還是站著吃？樣式也會改變上菜的方法和器皿。

餐桌配置閱覽法

本章將刊載餐桌配置的 7 個範例。由 P.146～148 講解過的「十道法則」、
「構思與架構法」及「6W1H」所組成，敬請做為實際配置餐桌時的參考。

說明餐桌配置的相關內容。

十道法則
說明配置美麗餐桌用的十道法則當
中，主要取用哪一項法則，重點又
在什麼地方。

餐桌配置的構思與架構法
以「主題」、「概念」及「餐具」等關鍵字為
出發點，說明構思如何逐步擴展和架構
的流程。

基本的 6W1H
詳細說明規畫餐桌配置所需的
6W1H。

說明餐桌配置的一
人用布置與關鍵用
品的搭配祕訣。

Variation!
單獨針對改變器皿種
類或其他部分配置的
模式，說明其差異。

右圖的餐桌配置使用法國里摩的名窯之一「Raynaud」的「Jean Cocteau」系列產品。該系列顧名思義，就是以 20 世紀偉大的藝術家之一尚・考克多（Jean Cocteau）1950 年代的作品為基礎，在單色調的空間中，配置上追求藝術化和戲劇化的色彩，以及非日常的無生活感。

邀請貴賓進入藝術與戲劇化的非日常感受

以尚・考克多鍾愛的絕妙粉彩色與消光質感為特徵的容器，選用黑色的檯布襯托。中央擺飾是一大一小的灰色玻璃製花器，分別安插鮮豔的紅色和紫色花材，將視線引導到中央，呈現衝擊感。

黑色的玻璃蠟燭座，搭配餐桌花藝的嘉蘭百合，活用花卉看似火焰的特徵，讓視線範圍從縱向與橫向擴展。重點除了中央擺飾和蠟燭之外，與餐盤同為粉彩玫瑰色的餐巾也要摺成立體狀，展現高度，藉由與扁平盤的對比，產生戲劇化的效果。

器皿協力／ Ercuis Raynaud 青山店
・Raynaud「Jean Cocteau」盤子 27 公分（玫瑰色）、21 公分（漆黑色／藍色 P.155）、16 公分（Noir）
・Raynaud「Jean Cocteau」咖啡杯和茶托（漆黑色）

餐桌配置的構思與架構法

| 餐具 | 想要使用 Raynaud 的 Jean Cocteau 系列產品。 |

▼

| 主題 | 向藝術家尚·考克多致敬。 |

▼

| 概念 | 藝術化和戲劇化的的非日常感。 |

▼

| 主題色 | 黑色與粉彩色。
要以紅色爲焦點色。 |

▼

| 配置 | 以顏色鮮豔的餐桌花藝
呈現衝擊感，
襯托藝術性高的盤子。 |

▼

| 布置 | 用黑色的燭臺和立體式的
餐巾摺法製造高低差，
藉由咖啡杯呈現動感。 |

法則 2

在餐桌上製造高低差
以帶有高度的中央擺飾或燭臺製造戲劇性。

基本的 6W1H

Who	藝術家
With whom	尚·考克多
Why	藉由講究的器皿享受非日常的時光

法則 4

藉由高度和色彩呈現視覺焦點
將色彩帶有衝擊性的餐桌花藝擺在中
央引導視線。

法則 7

藉由顏色搭配製造關聯
藉由盤子、餐巾及花卉讓色彩連貫起來。

When	晚餐	How	就坐形式
Where	沒有生活感的單色調空間		
What	開胃菜、前菜、主菜及點心的 3 道正菜法國料理		

一人用布置

黑色的檯布配上粉彩色的餐盤和黑色
的點心盤，是要追求配色技巧中的分
離效果。餐巾選用與餐盤同色的產
品。刀叉挑的是沒有裝飾簡單且曲線
柔和的款式，成對布置。

餐盤為粉彩玫瑰色，花紋因盤子而異
也會變成話題，讓人想要熱烈討論
尚・考克多。

1

邀請貴賓進入藝術
與戲劇化的非日常感受

餐桌花藝

一大一小的灰色玻璃製花器，分別
安插色彩豐富的同類花材。再藉由
芒草的葉片，將大小花器的花卉連
接起來。

Flower & Green 使用花材
嘉蘭百合、萬代蘭、莫氏蘭、芒草。

咖啡杯和茶托

飯後使用的咖啡杯和茶托要布置在旁邊。
擺設時製造高底差之後就會產生韻律，
與容器的主題建立連帶感。

Variation!
更換點心盤改變印象

這個範例是在餐盤上疊放點心盤，從黑色換成粉彩藍色，
塑造溫和柔軟的印象。

器皿協力／ secca inc.（雪花股份公司）
Shadow #010
Shadow #014 mini
Shadow #017（P.161）

在自家度過重要的紀念日時，想要展現與平時不同的非日常空間。這裡會介紹幾個訣竅來營造飯店般的氣氛。

藉由飯店般的
餐桌安排紀念日

說到飯店的餐具就是白色。白色在具備潔淨感的同時也有些許緊張感，適合用在特別的日子。檯布、餐巾、盤子及蠟燭也要用白色統一，藉此增添特別感，不過要留意，白色的配置也有容易流於乏味的缺點。

因此，我建議加上「有新意」的用品和表現方式。

盤子驚奇的設計讓人出乎意料，這裡使用的盤子是形狀獨特的瓷器「Shadow」，製造者為創意集團「secca」，以石川縣金澤為據點開發新產品。花卉在此選用淡粉紅色，從沒有色彩的世界注入粉紅香檳到整體環境中，藉由盛裝菜餚增添顏色，逐步改變眼前的色彩世界，這也是餐桌的魔力。

餐桌配置的構思與架構法

主題 慶祝兩人的紀念日。

▼

概念 想要以飯店般的餐桌呈現。

▼

主題色 白色。

▼

餐具 使用 secca 的 Shadow 系列，能在高級飯店看到的盤子。

▼

配置 以盤子為中心，配合用品的風格後，再衡量菜餚。

▼

布置 藉由蠟燭、花器、酒瓶冰桶及其他餐桌裝飾品製造高低差，讓整體顯得均衡。

基本的 6W1H

Who	我	What	開胃菜、前菜、湯品、主菜、點心的 4 道正菜法國料理
With whom	跟伴侶		
Why	慶祝結婚紀念日		
When	晚餐		
Where	自家的餐廳	How	就坐形式

法則 4

在餐桌上製造高低差

藉由蠟燭或其他餐桌擺件製
造高低差，取得平衡。

法則 1

釐清主題和概念

以帶有高級感和特別感的盤子
為中心，展現飯店般的感覺。

一人用布置

這個布置是使用瓷器餐
盤與 secca 的 Shadow
盤子疊放的雙層盤，麵
包盤選用帶有高度的器
皿。雖然 3 個盤子的品
牌和系列都不同，但共
通點皆為白色的瓷器。
因為是簡單的布置，所
以餐巾摺法是以簡單的
方式稍微做出高度。

中央的大盤

中央的大盤也是 secca 的盤
子，這個盤子要擺放用手抓的
開胃菜，作為給人的第一印
象。底下擺設臺座製造高度，
以便呈現具有特色的微妙曲
線。臺座和盤子之間還夾著一
個黑色的盤子，藉此清楚呈現
曲線。中央的大盤也是視覺焦
點，只要稍微做出高度就會發
揮效用。

花器

現代餐桌配置中，花器也要搭配設計獨特的現代風格產品。這裡使用生產鋁製室內裝潢雜貨品牌「ALART」的鋁製支架花器。為了有效運用其線條，要選擇色彩繽紛的花材，假如挑的是帶有設計感的花器，花卉少一點也沒關係。

Variation!

藉由增添黑色和灰色，　營造更成熟的都會風配置

以下是更換盤子改變氣氛的範例。黑色的定位盤上布置表面凹凸不平、形狀有趣的 secca 灰盤。要怎麼盛裝菜餚呢？用這個飯店會有的盤子開拓創意。

家人齊聚一堂，以值得紀念的那一年釀造的葡萄酒為主角，享用搭配葡萄酒的輕食料理，以這樣的情境設想並進行餐桌配置。若值得紀念的那一年是女兒的出生年，慎重存放在葡萄酒窖的一瓶酒，要在出嫁的那天或特別的紀念日飲用。初秋的傍晚，太陽尚未西沉的時間，女兒、女婿、丈夫和我圍在餐桌旁，將葡萄酒倒

用週年紀念酒
與家人一同慶祝

進優雅的長杯梗葡萄酒杯。全家享用起司和當季水果，與熟成的葡萄酒共度流逝的時光，同時將希望寄託在新階段的生活。大概就像是前述這種隨性的飲酒會。

依據情境，可以將茶色的檯布配上同色的餐巾；餐桌花藝也是安插顏色成熟的茶色系洋桔梗；銀色邊緣的盤子和金色的刀叉會成為焦點，混合優雅、雅致及自然的印象。

餐桌配置的構思與架構法

主題	享用週年紀念酒。
▼	
概念	以葡萄酒爲主角,與家人共度流逝的時光,慶祝新階段的生活。
▼	
主題色	茶色和波爾多紫紅。
▼	
餐具	湊齊優質的玻璃製餐具和盤子,陳年的葡萄酒要倒進醒酒器。
▼	
配置	配置時盤子和玻璃杯要疊放,中央的木製盤弄出高低差。盛裝食材展現立體感。
▼	
布置	以金色的刀叉、刀架及餐巾環爲焦點。

法則 1

釐清主題和概念
藉由設計吸睛的醒酒器,讓葡萄酒這個主角給人深刻的印象。

法則 5

欣賞重疊之美
餐盤上疊放烹飪用的玻璃杯,製造樂趣。

基本的 6W1H

Who	我
With whom	跟丈夫、女兒及女婿
Why	享用女兒的生日年份酒

法則 4
在餐桌上製造高低差
布置時替中央的木製盤製造高
低差,呈現立體感。

醒酒器協力／Riedel Japan
Decanter Amadeo

When	晚餐		How	就坐形式,起司和水果
Where	自家餐廳			要從大盤分食
What	陳年的葡萄酒和搭配			
	葡萄酒的菜餚			

一人用布置

白金邊緣的餐盤上，疊放盛有下酒菜的玻璃杯。雖然是輪廓鮮明的現代感布置，葡萄酒杯和餐巾環卻增添些許優雅的曲線，舒緩緊張感。

餐桌花藝

讓花燭的葉片蜷曲在玻璃容器的內側底部，擺放花泥磚。插花時要藉由尤加利和海芋展現出曲線，再以波爾多紫紅色的海芋和茶色系的洋桔梗，來修飾出柔和感。

Flower & Green 使用花材
玫瑰、洋桔梗、海芋、尤加利、花燭的葉片。

Table Coordination

3

用週年紀念酒
與家人一同慶祝

醒酒器

選用的醒酒器是陳年葡萄酒不可或缺的用品。擺出來意思意思一下，就可以明確看出那裡有一場飲酒會。這是配合主題選用餐具來製造故事的好例子。

木製盤

布置時，可將木製盤底下擺設臺座，調整高度，製造高低差，並當作中央擺飾。上面盛裝起司、葡萄或其他當季水果，藉此呈現立體感。

Variation!

飲用入門級的葡萄酒時，餐桌要布置得更加隨性

假如葡萄酒的等級屬於入門級，布置時就要去掉醒酒器，葡萄酒杯也要選擇隨性簡單的款式；盤子的風格也要更加隨性，搭配長方形的陶器盤；刀叉也要添加玩心，藉由放在盤子上呈現動感；花器也要改成長方形大小不一的陶器，尤加利和海芋可直接沿用，但要添加石竹「綠色松露」，以增添一些溫情。

盤子從銀色邊緣的瓷器圓盤換成
長方形陶器。藉由改變材質和造
型，讓氣氛一下子隨性起來。

選用書本造型的花器，與長方形的盤子相映成趣。
花器可以只用一個，也可以一大一小搭配著用。

Flower&Green 使用花材

海芋、尤加利、石竹「綠色松露」。

4 關於計畫表格

本書 P.148 講解的「餐桌配置的構思與架構法」和「基本的 6W1H」要歸納到計畫表格中。只要根據主題和概念決定主題色、餐具及菜餚，再具體列出「何人」(Who)、「跟何人一起」(With Whom)、「為何」(Why)、「何時」(When)及「如何」(How)，就可以將意象概括得很清楚，能夠進行餐桌配置。在家招待客人時，計畫表格就會變成記錄。「邀請○○先生女士的時候端出了這樣的菜餚，就是這樣的主題」。藉由這種計畫表格的記錄，既可以避免下次招待時菜色重複，也可以納入自己的筆記中，作為下次款待客人的參考中。

餐桌配置的工作進行要以計畫表格為先。計畫提案的好壞會影響到餐桌配置提案是否獲得採用。這裡介紹的計畫表格，是在我主持的花生活空間餐桌配置教室中發給學生，請他們在上課一星期前提供填好的計畫表格，再進一步看看有沒有可以實現的餐桌配置，以及概念和意象是否吻合。而當餐具的風格、菜餚及食器不相襯、花材的份量或風格不自然時，就會請學生重新衡量，好讓他們在上課當天能以最佳狀態上場。

另外，在專業培訓講座中，這項計畫表格還會加上預算、製作費及目標等項目，指導學生習得與工作直接相關的餐桌配置方法和技巧。

製作工作用的計畫表格之際，草圖也很重要。配合主題或概念的餐桌配置意象要化為具體說明，好讓業主看得簡單易懂。

餐桌配置計畫表格1

標題		
姓名	聯絡方式	tel email
主題	意象	
概念(兩百字左右)		
目的		
時間	季節	
地點	主辦人和賓客	
主題色	底色 次要色 焦點色	
花材	花器	
菜餚		

花生活空間

餐桌配置計畫表格2

用品	色彩、花紋、特徵	數量
桌布		
食器		
刀叉		
玻璃杯		
餐桌擺件		
草圖		

花生活空間

這是花生活空間所使用的計畫表格，藉由填寫表格，釐清餐桌配置的意象。

英文的 innovative 會用在「革
新」的意義上，像是替餐廳分級
的「米其林指南」，從 2013 年
起，也能在料理類別中看到「革
新」的字樣；餐廳提供不拘一格
的風格、主廚獨創的新樣式，也
會歸類為革新當中。每種革新的
成果令人超乎想像，充滿以往從
未看過的新發現，刺激性十足。

融合自然與
現代造就革新

這個餐桌配置的架構本身相當簡
單。儘管如此，將自然風格的木
材用品與「secca」的現代感陶
器搭配，就能感覺到各個材質雖
然強勁，但卻能融合在一起。木
材與陶器材質溫情中的現代要素
會勾起興致，讓人想知道「這會
用來做些什麼」、「會端出什麼
菜色」。令人無法預料的驚喜也
可以算是一種革新吧？

器皿協力／secca inc.（雪花股份公司）
‧scoop M green
‧scoop S green

餐桌配置的構思與架構法

主題	革新。

▼

概念	搭配不同材質，做出酷炫的配置。

▼

主題色	黑色和綠色。 以黃色爲焦點色。

▼

餐具	除了木材、陶器及瓷器之外，還要混搭不同的材質。

▼

配置	架構要襯托出特別想要展示的 secca 特色陶器盤。

▼

布置	將湯品注入木製支架的試管，這樣也就能享用實驗性的料理。

法則 4

在餐桌上製造高低差

替中央的樹椿型道具製造高低差，給人深刻的印象。

法則 6

搭配不同材質欣賞變化

除了木材、陶器及瓷器之外，還要納入各種材質，同時保持整體協調性。

基本的 6W1H

Who	我
With whom	精通飲食的男性賓客
Why	讓飲食空間的呈現具備「有新意」的發現

法則 7

藉由顏色搭配製造關聯

從盤子的顏色到繡球花的綠
色要連貫，藉由色彩的濃淡
營造協調感。

When	午餐	**How**	就坐形式
Where	自家餐廳		
What	開胃菜、試管湯、義大利麵、主菜		
	及點心的 4 道正菜素食料理		

一人用布置

為了要在餐桌上呈現出動感布置時需要把secca的盤子「scoop M」錯開來放，遠離原本中央的位置。加了賀詞卡的黃色餐巾，會成為黑色和綠色當中的嗆辣焦點。

4

Table Coordination

融合自然與
現代造就革新

一口湯所用的容器

用來裝湯的試管和木架，原本的用途是插一朵花。選用這些是為了配合「實驗性料理」的概念，要注入一口冷製蔬菜湯再端出去。

餐巾摺法

摺成口袋形的餐巾與加上寫了敬
獻的話語的賀詞卡。卡片要選擇
以黑色為基調的顏色，呈現與主
題色的統一感。

餐桌花藝

花器要與盤子的質感相連貫，選
用如滾石造型般黑色消光的陶
器。這裡要安插形狀不同的黑色
和綠色花卉，呼應主題色，呈現
動感；鮮豔的綠色繡球花會帶來
清新而純淨的印象。

Flower&Green 使用花材

繡球花「碧綠」（Emerald
Green）、海芋「康托爾」
（Cantor）、金絲桃、百部。

2020 年，隨著「待在家」的呼籲，「居家時光」和「家常菜」也成了常用的詞彙。餐桌配置不只專屬於特別的日子，平常的餐桌也可以花點工夫弄得漂亮好幾倍，改變印象。只要挑選器皿，運用少許用品，就可以輕鬆提升家常菜的格調。

用提升質感的
器皿讓家常菜
變得時尚

這裡的配置選用素色的灰色檯布，鋪上帶有麻布花紋的黑色搭橋桌旗，搭配表面為波浪結構的「ARAS」樹脂製大盤和中盤，再使用玻璃容器。藉由井然有序的布置，也能呈現整齊的印象，還可以應用在款待賓客上。雖然整體上是走單色調沒有色彩，但因為選擇灰藍色的餐巾，再以花卉增添顏色，這樣既能消除冷冰冰的感覺，盛裝料理之後多了其他顏色，也會使餐桌一下子顯眼起來，符合當初的規畫。

「Nachtmann」玻璃製沙拉碗下面鋪設長方形的石盤，呈現厚重感。搭配不同材質的器皿，時尚的家常菜餐桌配置就完成了。

器皿協力／ ARAS（石川樹脂工業股份公司）
・大盤 Wave（灰色／白色　P.183）
・中盤 Wave（灰綠色／灰粉紅色／白色　P.183）
・刀叉、筷子（皆為灰色）
搭橋桌旗協力／ jokipiin pellava（aulii・WESTCOAST 股份公司）

餐桌配置的構思與架構法

主題	提升家常菜的格調。

▼

概念	簡單而時尚的配置。

▼

主題色	單色調。以紅色為焦點色。

▼

餐具	以單色調讓樹脂製的盤子、玻璃製的碗、鋁製的花器及其他不同材質的器皿整齊劃一。

▼

配置	將容器的曲線和桌布的直線排列得井然有序，營造整齊的印象。

▼

布置	替花器製造高低差，以大朵的紅色大理花呈現衝擊性。

基本的 6W1H

Who	我		What	分食形式的沙拉、前菜拼盤、烤豬肉及米飯的日西合璧菜色
With whom	跟家人			
Why	將平常的飲食變得時尚			
When	午餐			
Where	自家餐廳		How	就坐形式

法則 4

在餐桌上製造高低差
使用帶有高度的花器，藉由大
朵花的高低差製造變化。

法則 5

欣賞重疊之美
盤子上疊放附蓋玻璃杯和開
胃菜匙。

法則 8

將花紋用在焦點上
運用帶有花紋的搭橋桌旗，
替單色調的餐桌增添歡樂。

一人用布置

要大膽改變 ARAS 的大盤和中盤的顏色，以便欣賞色彩的變化。放在中盤上的開胃菜匙可盛裝帶有水分的前菜；用附蓋玻璃杯呈現高度；用一個盤子盛裝 5 種前菜後，就會顯得華美；刀叉架上也要添雙筷子，可以輕鬆享受日西合璧的風味。

5

Table Coordination

用提升質感的器皿
讓家常菜變得時尚

花器

選用配合概念的時尚鋁製花器，並搭配不鏽鋼臺座，替花卉製造高低差。大朵的紅色大理花會成為餐桌的焦點。

Flower & Green 使用花材
大理花、芒草。

Variation!

改造成蛋糕架用在下午茶當中

這個範例是在 ARAS 的大盤和中盤之間夾著燭臺等物，當作兩段式蛋糕架來用。

市售的蛋糕架以優雅的設計居多，所以若是用在職場或家庭中，想要沉浸在有點現代風格的茶點休息時間時，這種範例就很適合嘗試了。

將咖啡杯放在大盤上，與裝有果醬或凝脂奶油的小盤搭配後，即席單盤餐就完成了。

5 關於 Instagram 的造型設計

你是否曾在 Instagram 之類的社群網站上貼出餐桌配置的照片後，覺得衝擊力比實際看到的還要不足，或是傳達不出想要表現的魅力呢？透過相機或智慧型手機的鏡頭觀看時，必須要衡量怎麼隔著鏡頭展現魅力。這時就需要造型設計，像是改變用品位置或故意擺歪餐巾，與實際的餐桌配置不同。

這裡的例子是要將本書提到的 P.183 的下午茶用餐桌配置調整成 Instagram 來用的。Instagram 上非常受歡迎的構圖是從正上方往下看的正方形俯瞰照。這個角度與平常看到的光景不同，所以會顯得新鮮。為了要能清楚看見茶點，要把「ARAS」大盤和中盤組成的兩段式蛋糕架挪到近處的位置。餐桌配置需要適度的間隔，但若直接俯拍，就會像左邊的照片一樣，給人寂寥的印象。所以要一口氣把餐桌花藝併攏過

來，擺歪餐巾，將刀叉放在盤子的上方。只要在正方形的視角當中添加各種要素，就可以輕鬆傳遞歡樂。了解餐桌配置與造型設計的不同，以及看待事物的角度差異後，也就可以巧妙活用在 Instagram 上。

P.183 下午茶時間用的餐桌布置。假如直接俯拍這個配置，就會像上面的照片一樣，給人有點寂寥的印象。

改成 Instagram 用的範例。蛋糕架和花卉併攏，盤子的上方擺放刀叉和甜點。只要像這樣在正方形當中添加各式各樣的要素，就會營造出歡樂的印象。協力／ ARAS（石川樹脂工業股份公司）。

花卉的角色在餐桌配置中舉足輕重。插上充滿衝擊力的深粉紅色大理花，與代表法國里摩的瓷器品牌「Bernardaud」的盤子搭配，做出現代感中流露華美的配置。「In Bloom」系列產品上繪製大膽的花朵花紋，是與年輕藝術家澤梅爾・佩勒德共同開發而成。

從大朵個性十足的花，孕育出來的藝術餐桌

灰色麻質檯布上疊放藍色的定位盤、餐盤以及點心盤，刀叉則是從「Christofle」這個系列產品中，選擇把手造型洗練的「Concorde」和「Origine」。

為了在魄力上不輸給個性十足的盤子，玻璃杯要從「Riedel」的產品中選用既時尚且具現代感的「Sommeliers Black Tie」。

花器方面則是將花泥磚放進不鏽鋼燭臺，運用重複的法則插上大理花。自然界花卉圖案的華美與不鏽鋼的冷酷是相反的極端，配置時要將這兩種意象融合起來。

器皿協力／ Bernardaud Japan 股份公司
・In Bloom（扁盤／餐盤／點心盤／麵包盤）

刀叉協力／ Christofle 大倉酒店東京店
・Concorde 6 人用刀叉組（24 件）
・Origine 點心刀和點心叉
・Vertigo 鹽罐和胡椒罐

玻璃杯協力／ Riedel Japan
・Sommeliers Black Tie Vintage Champagne
・Decanter Giraffe

餐桌配置的構思與架構法

餐具　　嘗試使用自然風格個性十足的器皿 In Bloom。

▼

主題　　以個性十足的大朵花爲主題。

▼

概念　　配置出華美而時尚的感覺。

▼

主題色　灰色和藍色。
　　　　　以深粉紅色爲焦點色。

▼

配置　　蒐羅的用品要具備不輸給 In Bloom 的存在感，風格要調和。

▼

布置　　藉由不鏽鋼花器和花卉的重複營造現代感的印象。
　　　　　要強調花卉的華美。

> **法則 3**
> **明確劃分私人空間和公用空間**
> 餐桌花藝在中央並排成一行，製造抑揚頓挫。

基本的 6W1H

Who	我
With whom	一群於公於私都很要好的女性企業經營者
Why	增進和睦

法則 9

藉由重複營造現代感的印象
藉由花器和花卉的重複營造現代感和
時尚感。

法則 10

風格調和、樣式調和及混搭
以具備風格和個性的用品搭配主盤，
進而營造統一感。

When	週末午餐	How	就坐形式
Where	自家餐廳		
What	前菜、主菜及點心的 3 道正菜法國料理		

一人用布置

這是用 In Bloom 系列產品配置的樣子。刀叉是選用 Christofle 的 Origine 系列點心刀和點心叉，以及 Concorde 的餐刀和餐叉。最後玻璃杯則是挑選了 Riedel 的 Sommeliers Black Tie 系列香檳杯，以其黑色來搭配盤子。

In Bloom 系列產品的花紋和藍色的占比會因用品而異，這也是魅力所在。這裡是主菜料理用的餐盤，從上方的照片拿掉點心盤後的樣子。

布置時用一個扁盤，當作裝飾盤迎接賓客。

Table Coordination

6

從大朵個性十足的花，
孕育出來的藝術餐桌

刀叉布置

大膽使用不同系列產品布置時，
風格必須要調和。這裡可以選用
不需要太多裝飾、造型簡單具現
代感的 Christofle 產品，來搭配、
符合餐桌配置的概念。盤子和刀
叉同樣都是法國古老知名品牌，
要將刀叉趴著放，做出法式布置。

裝進盒裡的刀叉

Christofle 的 Concorde 產品會收
納在不鏽鋼材質的刀叉盒中，包
含餐刀、餐叉以及匙子各 6 支，
茶匙 6 支，總計是 24 支。內容
物完全收進盒裡，鏡面加工的美
麗時尚樣式，似乎也可以幫忙炒
熱話題。

Variation!

單憑裝飾盤
就讓人印象深刻

餐桌花藝

將不鏽鋼材質的燭臺當成花器使用。中間3
支選擇長度高的款式,兩旁兩支則較矮,重
複擺放。雖然花卉只有簡單的大理花和百
部,但在添加深粉紅色之後,就會給人華美
的印象,也會與盤子的花紋相連貫。

Flower & Green 使用花材
大理花、百部。

6

Table Coordination

從大朵個性十足的花,
孕育出來的藝術餐桌

服務完善周到的餐廳，剛開始只會準備裝飾盤和麵包盤，刀叉也多半會每次配合菜餚布置。家庭當中，也不妨將類似 P.191 介紹過的盒裝刀叉放在桌上，供賓客取用。在知心夥伴的聚餐上使用這個方法，也算得上是聰明了。

餐具協力／Atelier Junko
・J.L Coquet「Hemmesphere」金屬粉裝飾盤
・Jaune de Chrome「Aguirre」點心盤／濃咖啡杯和茶托
・Atelier Junko Sophie Lemon 玻璃水壺／Oval Lemon 玻璃托盤／五叉燭臺

邀請一群女士賓客的餐會上，點
起蠟燭，選用優雅的食器。為了
讓來賓度過優質高雅的時光，就
需要餐桌配置。

用燭光營造
優質高雅的款待

這裡選用的器皿為法國里摩的瓷
器品牌「J.L Coquet」和「Jaune
de Chrome」的產品。灰色的
色澤會突顯典雅氣息。裝飾盤上
會疊放金色邊緣的玻璃盤和玻璃
杯，可以營造出時尚休閒感。用
品繁多的餐桌配置中，要是使用
玻璃杯材質，就會給人一種洗鍊
的印象。

接著要搭配「Atelier Junko」
的裝飾性托盤或玻璃水壺，做出
自然優雅的餐桌配置。帶有份量
感的燭臺擺在中央，所以餐桌花
藝要布置在兩旁小小的玻璃擺設
中，紫色的玫瑰要插出優雅情
調，麻質餐巾要使用餐巾夾，摺
成寬大鬆垮的樣式營造華美的印
象。等蠟燭點燃之後，就要開始
用餐了。

餐桌配置的構思與架構法

| 主題 | 點亮蠟燭營造優質高雅的款待。 |

| 概念 | 藉由讓人覺得高雅的用品，營造優質的片刻時光。 |

| 餐具 | 以五叉燭臺為中央擺飾。 |

| 主題色 | 灰色和灰粉紅色。 |

| 配置 | 在調和風格時，要留意以 J.L Coquet 和 Jaune de Chrome 的器皿為主，塑造優雅感。 |

| 布置 | 製造高低差，注意整體的曲線要有流動感。 |

法則 5

欣賞重疊之美
裝飾盤上疊放玻璃杯呈現時尚休閒感。

基本的 6W1H

Who	我
With whom	一群優雅的貴婦
Why	提供優質的時光

法則 1

釐清主題和概念
以 Atelier Junko 的燭臺爲象徵性的中央擺飾。

法則 4

在餐桌上製造高低差
藉由中央擺飾或點心區的布置呈現動感。

When	週末晚餐
Where	自家餐廳
What	前菜兩種、主菜、起司及點心的法國料理套餐

How	就坐形式

一人用布置

這是以灰粉紅色的裝飾盤為核心的配置。玻璃盤和玻璃杯疊在一起，活用女性化的曲線進行整體布置。刀叉也使用畫有玫瑰的優雅銀製品，餐巾夾亦選擇 Atelier Junko 的金色自然風花樣，展現出優美之處。

水壺和醒酒器

在銀色鏡面加工的托盤上，布置有雕花的醒酒器和 Atelier Junko 的玻璃水壺。後續可以在「Baccarat」的大盆中，盛裝要放進飲料的新鮮漿果。

Table Coordination

7

7

用燭光營造
優質高雅的款待

餐桌花藝

將尤加利和庭院採來的蕨類
纏繞在手工製的小型玻璃杯
中,再插上紫色的玫瑰和洋
桔梗。紫色是優雅色的代名
詞。即使是少量的花卉,存
在感也很夠。

Flower&Green 使用花材
玫瑰、洋桔梗、尤加利、蕨類。

燭臺

將象徵配置主題的五叉鐵製
燭臺當作中央擺飾。這項用
品的鐵製臺腳曲線很優雅。

點心區

設置在餐桌右邊的點心用區塊。疊放「Jaune de
Chrome」的「Aguirre」系列點心盤，再將同一
系列的義式濃咖啡杯和茶托放在玻璃托盤上，使
其兼具高低差和立體感，藉此提升裝飾的效果。
點心可麗露（Canelé）會盛裝在附有圓頂形蓋子
的玻璃器皿中。

7

Table Coordination

用燭光營造
優質高雅的款待

Variation!

改由疊放的盤子呈現厚重感

這個範例是以 J.L Coquet 的裝飾盤直接代替玻璃盤和玻璃杯，再疊放銀色邊緣的點心盤和 Jaune de Chrome 的點心盤。
雖然品牌各異，卻藉由色調和材質搭配，使整體有一致性而不顯突兀。
色澤比 P.194 加重的部分更增添厚重感。

增添厚重感之後，餐巾摺
法也要對稱。給人的印象
比 P.194 更一絲不苟。

6 餐桌配置與陳列的不同

英文 display 的意思是「陳列和展示」，指的是有效配置特別選定的商品。而商品以外的備品和小道具，原則上會擺出來襯托商品。餐桌陳列就如展示間或百貨公司的陳列，以及促銷用的餐桌所見，需要的是如何引起客人的注意，能否明確傳達想要銷售的商品，也因此配置和造型設計要另闢蹊徑，來配合想要訴求的目的，所以會與實際飲食用的餐桌配置不同。

這裡要介紹將本書 P.196 的餐桌配置換成陳列用的範例。使用到的是「Jaune de Chrome」的

「Aguirre」點心盤與濃咖啡杯和茶托，「Atelier Junko」的玻璃托盤和玻璃水壺，擺設時要安排主次順序，以求引人注目。

餐桌配置追求的是整體的美感和協調性，不會特別要突顯某一個用品，不過相較之下，這一個陳列的範例則會強調濃咖啡杯和茶托。除了以數量取勝之外，把手的部分還要呈現出動感，強調其存在感。另外，實際的飲食情境中不會出現的西洋書籍等物，則會用來當成備品製造高度，烘托出商品的質感。

將 P.196 餐桌配置上使用的點心盤、濃咖啡杯和茶托、玻璃托盤、玻璃水壺，
換成陳列用的擺法。

替用品安排主次順序，強調濃咖啡杯和茶托存在感的陳列範例。協力／Atelier Junko

後記　- Special Thanks! -

這次在製作《理想餐桌布置學》之際，也承蒙許多人的幫忙，誠心感謝各位鼎力相助。

對於協助提供優質器皿的各大品牌負責人和關係人士，僅在此致上深深的感謝。還有誠文堂新光社籌備這項企畫的中村智樹先生，承接企畫約一年的編輯宮脇燈子小姐，設計師川原朗子小姐，攝影師野村正治先生，齊力為了製作好書而花費龐大的時間磋商，反覆嘗試實驗拍攝到最後，本書才得以完成。一本書凝聚許多人的思念、盼望及熱情，滿滿都是言語無法形容的感謝之意。

也非常感謝有緣拿起這本書的各位，期盼這本書能夠讓人銘記在心。

2021年4月吉日　　浜 裕子

- 淺田漆器工藝有限公司（淺田漆器）★
 〒 922-0139 石川縣加賀市山中溫泉菅谷町 Ha 215
 Tel:0761-78-4200
 E-mail:asada@kaga-tv.com
 http://www.uruwashikki.com

- Atelier Junko 伊勢丹新宿店 ★
 〒 160-0022 東京都新宿區新宿 3-14-1
 伊勢丹新宿店本館 5 樓
 Tel:03-3352-1111（主要電話號碼）
 E-mail:support@atelier-junko.com
 http://www.atelier-junko.com

- ARAS ／石川樹脂工業股份公司
 〒 922-0312 石川縣加賀市宇谷町 Ta 1-8
 Tel:0761-77-4556
 E-mail:info@plakira.com
 https://aras-jp.com/

- M.STYLE ／宮崎食器股份公司
 〒 110-0005 東京都臺東區上野 7-2-7 SA 大樓
 Tel:03-3844-1014
 E-mail:m-style@mtsco.co.jp
 http://www.mtsco.co.jp/

- Ercuis Raynaud 青山店 ★
 〒 107-0061 東京都港區北青山 3-6-20 KFI 大樓 2 樓
 Tel:03-3797-0911
 E-mail:raynaud@housefoods.co.jp
 https://housefoods.jp/shopping/ercuis-raynaud/

- KISEN ／四津川製作所有限公司
 〒 933-0841 富山縣高岡市金屋町 7-15
 Tel:0766-30-8108
 E-mail:info@kisen.jp.net
 https://www.kisen.jp.net/

- Christofle 大倉酒店東京店★
 〒 105-0001 東京都港區虎之門 2-10-4
 大倉新頤館 4 樓
 Tel:03-3588-3300
 E-mail:info@christofle-hotelokura.jp
 http://www.christofle-hotelokura.jp/

- secca inc.（雪花股份公司）
 〒 920-0856 石川縣金澤市昭和町 12-6 6 樓
 Tel:076-223-1601
 E-mail:info@secca.co.jp
 http://secca.co.jp/（線上商店）

- Bernardaud Japan 股份公司
 〒 150-0002 東京都涉谷區涉谷 4-1-18
 Tel:03-6427-3713
 E-mail:samano@bernardaud.com
 https://www.bernardaud.com/jp

- jokipiin pellava ／ aulii（WESTCOAST 股份公司）
 〒 556-0014 大阪府大阪市浪速區大國 3-8-22
 Tel:06-6710-9112
 E-mail:info@aulii-m.net
 https://aulii-m.shop-pro.jp/（線上商店）

- Riedel 青山總店 ★
 〒 107-0062 東京都港區南青山 1-1-1
 青山雙子塔東館 1 樓
 Tel:03-3404-4456
 E-mail:rwb-aoyama@riedel.co.jp
 https://www.riedel.co.jp/shop/aoyama/

浜裕子

花藝與飲食空間配置師。從事花藝、室內設計及餐桌配置之餘，還涉足飲食空間製作和諮詢服務、活動和廣告等項目的企畫和安排。秉持生活要有花卉，將生活空間當成藝術爲宗旨，經營「花生活空間」。除了在自家工作室開設餐桌配置教室之外，也進行研討會、演講、執筆、上電視等活動。著作有《日式餐桌布置》(『和のテーブルセッティング』)、《漆器餐桌布置》(『漆器のあるテーブルセッティング』)、《招待和自帶手抓食物 200 道》(『おもてなし&持ち寄りフィンガーフード 200』)、《茶品與甜點的一年四季餐桌》(『お茶と和菓子のテーブル 12 ヵ月』)、《經典和食器入門修訂版》(『和食器のきほん改訂版』)、《經典西餐食器入門》(『洋食器のきほん』)、《用和食器來擺設　兩個人的開飯餐桌配置》(『和食器でしつらえる ふたりごはんのテーブルコーディネート』)(以上由誠文堂新光社出版)、《大受好評的食譜及招待客人的練習》(《ほめられレシピとおもてなしのレッスン》)(角川)等多部作品。擔任 NPO 法人飲食空間配置協會副理事長，認證講師。

花生活空間
https://www.hanakukan.jp/
E-mail:info@hanakukan.jp
TEL:03-3854-2181

原書工作人員

攝影／野村正治
　　　佐々木智幸（P.134～143）
　　　日下部健史（P.13下、P.15、P.17、P.18）
　　　藤本賢一（P.14下、P.16、P.19）
　　　小林写函（P.170）
裝幀設計／川原朗子
編輯／宮脇灯子

參考文獻

《TALK 飲食空間配置教材三級》（NPO 法人飲食空間配置協會）
『TALK 食空間コーディネーターテキスト 3 級』（ＮＰＯ法人食空間コーディネート協会）
《TALK 飲食空間配置教材二級》（NPO 法人飲食空間配置協會）
『TALK 食空間コーディネーターテキスト 2 級』（ＮＰＯ法人食空間コーディネート協会）
《配色歲時記　四季的色彩工作》日本色彩設計研究所（講談社）
『配色歳時記　四季のカラーワーク』日本カラーデザイン研究所（講談社）
《經典西餐食器入門》浜 裕子（誠文堂新光社）
『洋食器のきほん』浜 裕子（誠文堂新光社）

テーブルコーディネートの発想と技法：
視覚効果から考えるデザインの考え方、組み立て方

理想餐桌布置學

器皿挑選、造型搭配、配色技巧，打造你的餐桌風格

作　　　者	浜裕子		馬新銀行	城邦(馬新)出版集團 Cite（M）Sdn.Bhd.
譯　　　者	李友君		地　　址	41,Jalan Radin Anum,Bandar Baru Sri Petaling,57000 Kuala Lumpur,Malaysia.
責任編輯	吳雅芳		電　　話	603-90578822
書封設計	郭家振		傳　　眞	603-90576622
內頁設計	吳靖玟			
行銷企劃	廖巧穎		總 經 銷	聯合發行股份有限公司

發 行 人　何飛鵬
事業群總經理　李淑霞
社　　長　饒素芬
主　　編　葉承享

總 經 銷　聯合發行股份有限公司
電　　話　02-29178022
傳　　眞　02-29156275

出　　版　城邦文化事業股份有限公司 麥浩斯出版
E-mail　cs@myhomelife.com.tw
地　　址　104 台北市中山區民生東路二段 141 號 6 樓
電　　話　02-2500-7578
發　　行　英屬蓋曼群島商家庭傳媒股份有限公司城邦分公司
地　　址　104 台北市中山區民生東路二段 141 號 6 樓
讀者服務專線　0800-020-299（09:30~12:00;13:30~17:00）
讀者服務傳眞　02-2517-0999
讀者服務信箱　Email:csc@cite.com.tw
劃撥帳號　1983-3516
劃撥戶名　英屬蓋曼群島商家庭傳媒股份有限公司城邦分公司

香港發行　城邦（香港）出版集團有限公司
地　　址　香港灣仔駱克道 193 號東超商業中心 1 樓
電　　話　852-2508-6231
傳　　眞　852-2578-9337

製版印刷　凱林印刷傳媒股份有限公司
定　　價　新台幣 580 元／港幣 193 元
I S B N　978-986-408-896-6
E I S B N　978-986-408-906-2
2023 年 03 月 1 版 1 刷 · Printed In Taiwan
版權所有 · 翻印必究（缺頁或破損請寄回更換）

TABLE COORDINATE NO HASSO TO GIHOU
Copyright © Yuko Hama 2021
All rights reserved.
Originally published in Japan in 2021 by Seibundo
Shinkosha Publishing Co., Ltd.' Traditional Chinese
translation rights arranged with Seibundo Shinkosha
Publishing Co., Ltd.' through Keio Cultural Enterprise
Co., Ltd.
This Traditional Chinese edition is published in
2023 by My House Publication., a division of Cite
Publishing Ltd.

國家圖書館出版品預行編目 (CIP) 資料

理想餐桌布置學：器皿挑選、造型搭配、配色技巧，打
造你的餐桌風格/浜裕子著；李友君譯. -- 1版. -- 臺北市：城
邦文化事業股份有限公司麥浩斯出版：英屬蓋曼群島商家
庭傳媒股份有限公司城邦分公司發行, 2023.03
　　面；　公分
　譯自：テーブルコーディネートの発想と技法：視覚効果から考
えるデザインの考え方、組み立て方
　ISBN 978-986-408-896-6(平裝)

1.CST: 餐飲禮儀 2.CST: 餐具

427.56　　　　　　　　　　　　　　　112000216